名車を創った男たち

プロジェクト・リーダーの流儀

大川 悠／道田宣和／生方 聡　著

二玄社

まえがき

1980年代後半から1990年代初頭という、日本全体がバブル景気に酔いしれた時代を振り返るときには、その後の〝失われた20年〟を思えば、その時代を生きた者は複雑な感慨を覚えざるをえないだろう。文化には古今東西、爛熟期が存在するものである。あの時期にバブルの恩恵に与っていた日本の自動車メーカーは、資金的な余裕もあって、世界へのさらなる飛躍を目指して、高い品質を備えた個性溢れるクルマたちを送り出そうとしていた。

本書で採り上げた6台は、そのほとんどが1989年と1990年に生まれている。このバブルの時期に、多くのエポック・メイキングなモデルが生まれたのはなぜか。あたかも、様々な要素が組み合わさって見えざる力が集中して働いたかのように、いまなお日本車の〝ヴィンティッジ・イヤー〟と呼ばれる時期が創り出されたのだ。

むろん、この時期のモデルを意図的に集めたわけではない。このクルマたちが現役であった当時に感じていた魅力を公平に評価した結果、これらを選ぶに至ったと捉えてほしい。この6台が、その時代に他から抜きん出た存在感を備えていたことには同意してもらえるはずだ。

本書で採り上げたチーフ・エンジニアという職業は、自動車の開発全体を統括するプロジェクト・リーダーである。社内の数多くのスタッフを率いて、開発するクルマの目指すコンセプトを実現するための道筋を示しながら、完成へと導くのが主な職務となる。

バブル期という、日本の自動車メーカーにとって〝幸福な時代〟において、ここで紹介する日本の自動車史に名を刻むに相応しいモデルの開発を担ったプロジェクト・リーダーが、自動車会社という巨大組織の中で、いかに自らの考えや想いを主張し、周囲に影響を与え、人心を掌握してプロジェクトを成功へと導いたのか。組織の中での〝自己実現〟という困難な目標を達成しえたのはなぜか。その理由を解き明かすことが本書のテーマである。

あわせて、それぞれのモデルとプロジェクト・リーダーとの間にあるつながりや、時代背景に思いを馳せながら、それぞれの「名車」が誕生するに至った道程と開発担当者の想いを味わっていただきたい。

なお、本文中の敬称は基本的に省かせていただいたことをお断りします。

2011年3月　株式会社 二玄社　編集部

「名車を創った男たち」　目次

ブックデザイン　安井朋美
写　真　小河原 認
写真提供　トヨタ自動車株式会社、日産自動車株式会社、富士重工業株式会社、
本田技研工業株式会社、株式会社カーグラフィック

NSX

NISSAN
GT-R
SKYLINE
SKYLINE

横浜530
に 19-90

SUBARU
LEGACY
CHALLENGE
SUBARU

BALLADE
SPORTS
CR-X

HONDA NSX

求め続けたスポーツカーの真理

上原 繁

ホンダNSXラージ・プロジェクト・リーダー

聞き手：大川 悠

1990年代を駆け抜けたスポーツカーを1台挙げるとすれば、多くの自動車ファンがバブルの余韻が残る1990(平成2)年というタイミングで誕生した名車、ホンダNSXを思い描くに違いない。暮れも押し迫った、東京・南青山にある株式会社本田技研工業のプレスルーム。NSXの開発の指揮を執った上原 繁は、20年を超えた今でも当時と変わらず、静かなそして理路整然とした口調で、自身の自動車との関わりのきっかけを語り始めた。

■クルマ作りに関わるまで

「生まれ育ったのが東京の練馬区なのです。米軍将校の家族住宅地だったグラントハイツのすぐそば、今は光が丘公園になっているところですね。そこを走るアメリカ車を見て、クルマ好きになり、結局その道に進むことになったというわけです」

「クルマの道に進むにも最初からエンジニアをやりたかったし、それも操安性(操縦安定性)に一番興味がありました。高校生の頃、ある自動車雑誌にポルシェ911の日本国内でのテスト記事があって、その中でもステアリング特性の部分に一番惹かれました。そんなタイプですから、自動車会社に就職したい、それもやるならシャシーだと勝手に決めていました。なぜなら、エンジンは回転が上がって、馬力が出ていて、燃費が良ければそれでいいと単純に思えた。それに対してシャシーの場合は最適値を追い求めなくてはならない。エンジンよりも奥が深くて難しい、そう考えたからです」

「大学も当然技術を学ぼうと東京農工大に入りました。そこでクルマの挙動を学んだり考えたりして、卒論は操安性テスト法の比較がテーマでした。で、当然自動車会社を志望して入ったのがホンダだったのです。どうしてホンダを選んだのかといえば、家から近かったからです(笑)。埼玉県の白子にホンダの研究所があって、二輪のレーシングマシーンなんか走らせていましたが、私の家はその南の方にありましたから、冬なんか北風に乗ってその音が聞こえてくるんですね。ああ、何を走らせているんだろうと、興味津々でした」

上原のホンダ入社は1971(昭和46)年、ちょうど初代ライフが発売され、初代シビックも最終のプロトタイプが出来上がった頃、つまり二輪に始まったホンダが、本格的に4輪車メーカーとしての地位を確立した時代だった。

「思えばいい時期でしたし、希望通りシャシーの研究部門に配属が決まりました。あの部門は運動性能部門と呼ばれていましたね。そこにいたおかげで、手伝いも含めてあの時代のホンダ車にはすべて、何らかの形で関わっています。初代シビック、プレリュード、CR-X、アコードなどのシャシー関係は、皆、直接担当という形ではなくても経験はしています。谷田部(財団法人日本自動車研究所)の試験路でテストしたり、ウェイト積みをしたり、最大積載の状態で操安性を調べたり、ブレーキもあの頃は一緒にやっていました。あの頃のホンダは、テストコースといっても荒川の河川敷にあった狭くて誰もが覗けるようなものしかなかったから、機密機種の本格的なテストは夜に谷田部を借りてテストしていました。昼寝ていて、夜走るという生活ですね。開発の仕事は、大きく分けると設計屋とテスト屋になりますが、私はテストの方で、それも操安性、つまりハンドリングの担当でした」

■UMRプロジェクト

時は流れ、1984(昭和59)年頃というと初代シティや2代目プレリュードがヒットしていたこの時期に、ホンダはまったく新しい概念に挑戦しようとしていた。それは新たなパッケージング創造への模索だった。ごく初期のクルマを除けば、一貫して前輪駆動に徹していたホンダは、それ以外のレイアウトの探求を始めていた。それはまた、上原のその後の人生を大きく変えていくきっかけにもなったのである。

「NSXの最初の出発点というかルーツは、スポーツカー・プロジェクトなどではなくて、新しいパッケージングの研究です。具体的には、当時のシティをベースに、アンダーフロアにエンジンを置いて後輪を駆動したらどうなるかという企画がそれです。まったく新しい概念への挑戦だけでなく、もう少し現実的に2代目シティのためのリサーチからスタートしています。1984(昭和59)年のことでした。私のアイディアではなくて、全社的なプロジェクトとして認可され、私にそれのシャシーを担当しなさいという指示が出ました。つまりシャシー系のPL(プロジェクト・リーダー)として正式に任命されました。思えば、それをきっかけに、結局NSXにまで繋がってくるのですから、人生ってどう動くかわからないですよね」

「ある日、上司からシティを(エンジンの)アンダーフロア化をしたら、操縦安定性はどうなるのか研究してみろと命じられました。どこから出たアイディアか今でもわからないけれど、パッケージング効率がいいはずで、革新的なクルマになるなどと最初は言われました。でも実際にやってみると、全然そうではなかったですけれど(笑)。その時期のホンダは、異色のトラックだったTN(軽自動車のN360エンジンを荷台下に水平に置いたミドシップ・レイアウトのトラック)を除けば、すべて前輪駆動でしたから、社内でも後輪駆動にはほとんど経験がなかった。とくに操縦安定性なんて未知そのものですから、まったくわからない。でも乗用車としてまとめあげるにはシャシーを何とかしなければならない。それなら操安性ひと筋にやってきた上原にさせようと、上の人が考えたのでしょう」

「それを聞いて、またとないチャンスだとも思いました。ハンドリング関係のスペシャリストとしては面白そうだったし、若い頃って、やったことのない体験をするというのは楽しいですよね。やりたいことをやらせてもらうって、本当に気分がいいじゃないですか。年齢的にも経験的にも、あの仕事をさせてもらってすごく良かったと思います。35～36歳の頃でしたから、思えばちょうどいい時期だったのでしょうね」

そこでホンダでは1年間ほど試してみようとプロジェクト・チームが結成されることになった。当時は、ある程度自由を与えられて開発コンセプトが煮詰められていったという。

「シャシー担当、エンジン担当、ボディ担当があって、後でデザイン担当も参加してひとつのチームが作られていきました。そこで、ミドシップ車を開発するにあたって、それぞれがどんな問題を抱えているのか、何がわかっていないのかということを抽出して、それをどうすれば克服できるのか、その方策を考えていきました。たとえばシャシー関係で問題として判明したのは、同じサイズのタイヤを前後に使うとすぐにオーバーステアになるということや、FF(フロントエンジン・フロントドライブ)車に比べると横風に弱いということなどです。そういうことが明らかになると、それをどうやって克服するか、そのためにはサスペンションの構成や車体形状、重量配分などをどう考え直したらいいのか、それを実現するための技術的解決はどうするか、そういうプロセスで進めていきました」

そんな技術的なブラッシュアップを進めていく課程で重要だったのは、「ともかく実験すること」と上原は話す。

「ある程度のことは仮説や仮定、あるいは計算で判明します。でも自分で理屈の上ではわかっていても、物が出来てそれで実験を重ね、実証しないと絶対に自分のものにならない。自分の本当の技術として生きてこないのです。だから仮説も大事だけど、実証はもっと大事なんだと思ってやっていきました。特に経験のないものは、まず作って体験しなければならない。他の部門のエンジニアとのコミュニケーションを取るためにも実証主義、現場主義が一番です。実際に現場に集まってやると課題が一目瞭然になって、各部門同士で納得できますから。これこそホンダの伝統ですね」

このプロジェクトで上原が実感した「現場主義」「実証主義」の精神は、後のＮＳＸ開発でも活かされることになる。

いっぽうで、ホンダの社内呼称で「ＵＭＲ」と呼ばれていた

（アンダーフロア：Underfloor、ミドシップ：Midship、リア駆動：Rear driveの略）この企画だが、アンダーフロアに関してはそれに使える専用エンジンが存在しなかったため、床下搭載はともかくとして、まずミドシップ・レイアウトだけは試してみようということになった。

「シティターボのエンジンをミドに積んだ、ルノー5ターボのようなレイアウトのミドシップのシティを作りました。それを鈴鹿サーキットで随分走らせて、実際にどのような挙動を示すのか、徹底的に調べました。また、しばらくして、アンダーフロア・エンジンを使った本番の実験車も出来て、テストも本格化しました。その結果、社内で出た結論は、簡単に言えば見送りです。騒音の問題などもありましたが、小型車として考えるとパッケージング効率ではどうしてもFF車を大きく越えることができないことが判明したからです。でもUMRの利点もまた、社内で評価され共有されました。このレイアウトはハンドリングにすごく魅力があるということです。今までやってきたFFとはまったく違った楽しさを秘めている。ひと口で言うとすごく軽快で気持ちがいいクルマに仕上がっていると、トップを含めて社内の人々はこの面をとても高く評価してくれました」

「その後、それならこの良さ、この魅力をもっと純粋に活かして、他のタイプのクルマに適用できるのではないか、そういう声が出てきたのです。UMR開発を命じた上層部では、最初から頭の中にスポーツカーのイメージがあったのではないでしょうか(笑)。ホンダってクルマ好きな人ばかりいるでしょう。だからUMRがダメになったら、それこそスポーツカーだぞって、誰かがどこかで期待していたのでしょうね(笑)」

■小型ミドシップ・スポーツカーの模索

1985(昭和60)年には、ホンダはFFモデルの生産が1000万台に達し、アコード／ビガーがカー・オブ・ザ・イヤーを獲得。F1も快進撃を続けるなど、世界の自動車メーカーの中でも、絶対的な評価と実力を備えた、有力企業に育ってきていた。企業力を背景に、この時期にホンダはS800以来のスポーツカーの開発に挑むことになった。

「シティ・ベースのUMRプロジェクトは中止になったのですが、今から思うとそれがチャンスだったというわけです。あのクルマで得た経験、つまり何をおいてもミドエンジンの軽快性をもっと生かすために、次のステージのプロジェクトに移ろうということが決まり、その責任者たるLPL(ラージ・プロジェクト・リーダー＝主任研究員、チーフ・エンジニアにあたる)をやりなさいという命令が出たのです。そこからスポーツカーというものを本格的に意識し始めました。まずは理想的な操安性はどういうものか、もう一度考え直すことからの出発でした。そのためには素材のいいものを揃えなくてはいけない。素材とは、材料というよりコンポーネンツです。だからスポーツカーとして好ましいコンポーネンツの組み合わせを考えることで、次第にコンセプトを固めていきました」

「そのための土台というかベースはCR－Xでした。これにUMR4気筒エンジンを積み試作車を作り、そこから出発しました。それも重心を下げて横風に強くしたり、UMRで経験があった直進性の改善のためにLSDを組み込んだ試作車を作って、北海道に持って行ってテストを開始したのがその年の2月頃でしょうか。これをベースにスポーツカーの研究を随分やりました。操安性を決めるパラメーターを求めるのが主な目的です。そのために重量、重量配分、ヨー慣性モーメント、アライメント変化などを変えて、その特性を変化させたらどうなるのか、どう組み合わせたらいいか、さまざまなことを試しました。そんなことをやっているうちに、知らなかったことが見えてきたし、こんな素材を使えばいいのか、基礎の基礎とでもいった部分が掴めるようになりました。でもその頃、うちの役員連中は、しばしばテストにやってきましたね。特に研究所の役員ってみんなスポーツカーには興味があるものだから、新しいプロトタイプができるたびに北海道に押し寄せてくるんです。考えるといい会社ですよね。変わった会社でもあるけれど(笑)」

ただし、この試作車でも「小さくても並みの走りじゃ面白くない」と考えるのが、いかにもホンダらしい。

「スーパースポーツを追い回せるようなクルマに仕立てることが目標になりました。となると、やはり軽く作りたい、ということで出てきたのがアルミボディというアイディアです。それもボンネットとかフェンダーだけにアルミを使ってもたかが知れている。どうせならオールアルミのボディに挑戦しようということになった。むろん、これには内部でも随分もめました。それまで量産車でオールアルミなんてほとんど考えられなかった。でもチームの大半は、これに乗り気でした」

上原がLPLとして担当したチームは、もともとはUMRを手がけてきたメンバーを主体にしていたが、UMRの段階ではいなかったボディやデザインの担当者も加わっていた。LPLは各部門から来ているメンバーを統括する立場にあるとはいえ、スタッフはあくまでもマネージメント部門が決め、最適と思えるメンバーが送られてくる。このためLPLの仕事とは、各スタッフをいかにうまく使いこなすかということになる。

「そのためにはチーム全体の目的を明確にして、どんなコンセプトを目指してお互いが協力してやっていくか、それをきちんと明示することが大切です。コンセプトミーティングを繰り返し、プランだけのものも、あるいは実車近くにまでなったものも作っては検討し、検討しては壊し、そしてまた作っていくということの繰り返しですね。このとき、私たちが一番論議したのは、ホンダにとってスポーツカーとはどうあるべきか？ ホンダ・スポーツとは何なのか？　最もホンダらしくて、お客さんに喜んでいただけるスポーツカーはどうあればいいのか？　いわばホンダ・スポーツの原点探しでした」

■アルミボディ＋ミドシップV6＝NSX

１９８０年代中期というのは、ホンダの国際化がどんどん進んだ時代でもある。アメリカ輸出に始まり、ヨーロッパ市場への挑戦、そしてやがては販売だけでなく、開発／製造拠点も世界中に広がっていたホンダは、特にアメリカ市場でのアキュラ・ブランド展開のために、イメージリーダーとしてのニューモデルを欲していた。

「今にして思えば、ホンダとしてはスポーツカー挑戦への機が熟していたときだったのですね。国内の研究所だけでなく、海外のホンダからもスポーツカーが欲しいという声が出たのが、１９８５(昭和60)年頃だったのです。アメリカからはキャノピーを持ったＶ６の４輪駆動というアイディアが出てきました。特にアメリカの場合、１９８６(昭和61)年春から高級車チャンネルのアキュラ・ブランドを展開するようになりましたが、その頃からアメリカ市場で、これまでとは違った、もっとスポーティなブランドとしてのイメージリーダーになるようなクルマが欲しかった。それに対して、私たちはアルミボディを持った小型軽量で俊敏なミドエンジン・スポーツカーがいいと思っていたし、ヨーロッパでは

ホンダのスポーツイメージを高めるためのクルマが欲しいと主張していた。F2に使っていたV6を縦置きして、トラディショナル・スポーツの感覚を大切にしたようなモデルがいいという提案でした。アメリカはアキュラ店のイメージリーダーですから、ともかく商売に直接結びつくようなクルマがいい。たとえば私たちが手がけたUMRベースのように技術を集積してホンダとしての意地をかけたようなクルマを見ても、そんな意地は要らないと(笑)。世界中でホンダは今こそスポーツカーを作るべきだという声が出ていて、自分のマーケットを主体に、ホンダ・スポーツの姿をそれぞれが真剣に考えていたのです」

「結局、アメリカ、ロサンジェルスの研

究所に日米欧の責任者が一堂に会して方向性を決める会議を開いたのです。アメリカ研究所の社長やアメリカン・ホンダの副社長、日本の研究所の常務、ヨーロッパ研究所の役員などが集まって散々論議した。その結果、大筋でまとまったのが後のNSXに繋がるクルマのコンセプトでした。アメリカは最後までコストの点でアルミボディには反対でしたが、日本側はアルミさえやれるならUMR的発想から決別しよう。いっぽうヨーロッパはマルチ(6気筒以上のエンジン)さえ使ってくれればいいということで、結果としてアルミボディのミドシップにV6を載せたクルマという方向が決まったのです。1985(昭和60)年の秋でした。このときがNSXの正式な出発点ですね」

この会議での結論に対して、「それまでUMRでやってきた研究成果を捨てるのは残念だったけれど、この新しい方向性は受け入れざるを得ないな」と思ったという。

「ハンドリングに特化して、世界の常識を覆すような機敏なスポーツカーをものにするためには、4気筒には名残りがなかったといえば嘘になります。でもいろいろな人の意見を聞くと、V6を使うのも次第に納得できるようになりましたし、技術一辺倒では世の中通用しないということも痛烈に感じましたからね。思い切って頭も気持ちも切り替えました」

「それでも、やはり悔しかった。この全体会議があった翌週、それならヨーロッパでフェラーリやポルシェなど、当時の優れたスポーツカーに実際に乗り比べてみようと、ロサンジェルスから東回りでヨーロッパに飛んだのですが、会議のときにアメリカ人から聞いた言葉、『4気筒エンジンは飛行機の機内食のようなもの。一応は食べられるがフレーバーというものがない』を思い出し、実際に機内食を食べながら〝チクショウ！〟って思いましたね(笑)」

■ニュルブルクリンクで受けた洗礼

こうして動き始めたNSX計画だったが、そこでまず上原が考えたのは、ライトウェイト感覚はやはり捨てたくないという点だったという。しかし、軽くて敏捷なだけのピュアなスポーツカーでいいというものではなかった。その理想像を追求し、ものにするには、相応のテストコースも必要なことを上原は切実に感じた。

「これからのスポーツカーはもっと近代的で、人間とのインターフェイスがもっともっと洗練されていかなくてはならない。そこで出てきた言葉が〝快適F1〟でした。この言葉がひとつのコンセプトを導いたとも言えます。快適性や、扱いやすさなどをかなぐり捨てたライトウェイトではこれからは駄目だ。ある程度ハイテク・デバイスでドライバーを助け、安全設計を積極的に採り入れることで近代的なスポーツカーを目指す。新しいスポーツカーを提案するなら、今度はそういうもので挑戦してみようと考えながら方向性を次第に収斂させていったのです。そう考えると、この快適F1という考えがNSXの原点だったと思います。これで方向は決まりました。UMRでの基本的な研究によって技術の土台はできた。これには絶対に自信があるから、あとは実験を積み重ねて、より大きなクルマに適応させるべく応用していけばいい。具体的には、エンジンはV6でかなりいいものができたし、シャシーも充分経験を積んだ。アルミボディも苦労はしたけれど、道筋はついているので、これで行けるという自信がついた。要するに各素材はいい。でも果たしてこれを組み合わせた場合に本当にいいものになるのか。最良の要素を揃えても、それがインテルグレートされたときに最高のものに仕上がらなくてはならない。それにはどうしたらいいのか。最初のプロトタイプが出来上がった頃、そういう課題に直面したのです」

その課題に対する回答を得るべく上原たちが訪れた場所こそ、ドイツにあるニュルブルクリンク・サーキットだった。

「一応は出来上がったものを真に検証するには、それを世界一厳しいテストコースに持ち込んで徹底的に試してみなければならなかった。それまでは栃木研究所のプルービンググラウンドや鈴鹿などで走らせましたが、鈴鹿の速度や路面程度では、求められる理想的なスポーツカー像まで追求できない。このクルマは世界中で最も厳しい目で評価されるはずだから、その試練に耐えうるだけのテスト場で育てなくてはならない。その思いで世界中に理想のテストコースを探した結果、ニュルブルクリンクしかないということになったのです」

■「現場主義」を実感する

ニュルブルクリンクでの開発には、想像以上の困難が待ち受けていた。でもそれは、上原やホンダの開発陣にとっては非常にフレッシュで興味深い体験でもあった。

「ニュルにガレージを借り、必要な設備や部品を整え、そしてプロトタイプと開発ドライバー、現場担当のエンジニアを送り込みました。そうしたらたちまち現地からどんどんファックスが送られてきた。テストドライバーが『これじゃあ飛ばせない、ボディの剛性が足らない』と散々言ってくる。ボディのここを補強したとか、バーを追加してとか。それを読んだ研究所のボディ担当は頭に来る。何とか軽量化してアルミを使ったのに、あそこを重くしろ、ここを重くしろではやっていられないと。そのうち〝空中姿勢が悪い！〟というファックスさえやってくる。地面を走るクルマが何で空中姿勢なんだ、こいつらふざけているのか、そう怒り出した研究所のボディ・エンジニアは、こんなファックスごっこを繰り返しているのではラチがあかないと、ついに自分でにニュルに乗り込みました」

「で、現場でテストドライバーの隣に実際に乗り込んで、ひどく怖い思いをすることになるのです(笑)。『わかった。確かにボディ剛性が足らなかった！』とボディ・エンジニアは思い知らされましたね。ボディ剛性が足らないと、正確な挙動のインフォメーションが伝わらない。そこがきちんとしていないクルマには怖くて乗れない。それを知ったボディ設

計のエンジニアは考えを変えました。数値の上での剛性ではなくて、ドライバーの感性で判断できる剛性、つまりドライバーが安心して乗れるようなボディ剛性のあり方が大事であり、そこに目標を置くという考えになったのです。そのためにはまずドライバーを徹底的に信頼する。彼の言葉を信じ、それに従って改造、補強した部品を研究所に持ち帰って、スーパーコンピューターを使って解析する。それを何度も繰り返すうちに、いかに軽さを保ったまま剛性が上げられるかがわかってくる。その結果、最終的に完成したボディは、格段に剛性が上がったにもかかわらず、重量は11kgしか増えませんでした。これもアルミのおかげです。同じことを鉄でやれば20kg以上になっていたと思います。合理的設計とは、こういうことを言うのです」

　この一件でわかるように、結局は現場で現実を知ることが何よりも大切であること、お互い現場で体験を共有することがいかに重要かを、上原は思い知らされたという。

「私もしょっちゅうニュルに行って、自分でも随分乗りました。場合によってはドライバーとボディ設計の間に立つようなこともあった。お互いの言い分を聞いて理解するには、私自身も乗ってみなければならない。ＬＰＬの仕事はそういうことでもあるわけです。まず自身でしっかりしたコンセプトをきちんと持っていて、それに照らし合わせて何が大切か、どちらが重要かプライオリティをきちんと示して仕切る。エンジニアというのは個性が強い人間が多いから、そんな人たちをたばねてひとつの目標に向かわせるためには、ＬＰＬは絶対にぶれてはいけない。発言が合理的で、筋が通っていれば皆ついてきます」

「使いやすいメンバーを適宜使ってものを作っていくという道もあるかもしれません。でも私はそれではいいクルマは作れないと思います。私のサポート・スタッフとしてＰＬに任命された人間には、誰々とはうまくやれないから交代させてくれとは一度も言いませんでした。何をやりたいかさえ明確であれば、そりが合わないというようなことは出てこないはずです。ＬＰＬははたで見るより楽しい仕事です。半分が自分で何かを生み出したいという欲求と、残り半分が義務。つまり仕事で期待に応えなくてはならないけれど、基本的には楽しんでますから。楽しいから頑張れるので、そうでなければやれないですよ」

■育てることの楽しさ、難しさ

様々な開発経緯を経た後、1990(平成2)年7月にまずアメリカで、続いて9月13日には日本でもNSXは発売開始された。国内価格は約800万円と国産車としては史上最高価だったが、「不安はなかった。やることはやったと思っていた」と、上原は語る。

「正札以上のものは作れたという自信がありました。今までなかったようなクルマだという自負はありましたし、数も作れないとなると、値段が高いとは決して思いませんでした。売れるか売れないかは、不安がなかったといえば嘘になりますけれど(笑)。日本では当初大ヒットになったわけですが、今から考え直してもやり残したものはないです。当然現実を重視してバランスを考えた部分もありますが、お金のために妥協したということはなかったと思います。ライトウェイト版も、1992(平成4)年に〝タイプR〟として出しましたから。最初からああいうピュアでスパルタンなモデルも実現したかったのです。開発の初期からシルバー派とレッド派というグループがあり、シルバー派は快適F1をそのまま地で行ったようなクルマ、それに対してレッド派はスパルタンでピュアなタイプ、それが最終的に収斂していくのですが、レッド派的な要素は最後までやりたいと思っていました。特にわざわざアルミボディを使って軽量化に努力したクルマなのだから、その方向を徹底的に運動性に振ったらどんなクルマになるかなと、私自身も試してみたかったのです」

■ハードウェアとしての高いレベル

ＮＳＸは誕生した当時の既製のスポーツカーに比べると、その成り立ちは奥行きが深く幅も広いものとなった。結果として２００５(平成17)年に生産終了を迎えるまで、当初の予想を遥かに上回る15年という長寿を得た、この孤高にして稀有といえる高性能スポーツカーを生み出し、生き長らえさせたものとはいったい何だったのだろうか。

「２００５(平成17)年の生産終了まで、結局15年も続いたわけですね。何年間生産が続けられるかなんて、最初はまったく見当もつきませんでした。ここまで長生きできたのは、やはりお客さんとの付き合いを大切にしたからだと思います。きちんとお客さんと付き合って、メーカーも顧客も一緒に育てていくようにしないとクルマとして不完全になるのではないか、イメージもきちんと確立されず、クルマとしての生き方をまっとうすることができないのではないかと、途中から真剣に考えたのです。やはりお客さんを巻き込んだ活動が大切だと気づいて、積極的に動き始めたのです。長く乗り続けたＮＳＸを、生まれ故郷の工場に持ち込んで徹底的にチェックして再生する〝ＮＳＸリフレッシュプラン〟も、実際に発売から3年目頃から始めて、お客さんに安心して長く乗ってもらおうとしました」

「ＮＳＸが市場に出てから一番大切にしたのは、買って頂いたお客さんが楽しく、正しく使って頂けるようにサポートすることでした。ＮＳＸは相当高性能なスポーツカーなのですが、それを持っていてもきちんと乗れるところがない。またこういう種類のクルマに初めて接したお客さんも多かったので懸念材料もありました。としたらメーカーとしては、乗る場所や乗り方を含めて、スポーツカー文化を育成するために、色々試みる必要があるのではないかと真剣に考えました。オーナーズ・ミーティングを鈴鹿で開いたのがその端緒ですが、サーキットのように存分に乗れる場所を用意し、乗り方のカリキュラムも組んで正しく楽しく乗っていただく機会を作ることで、高性能スポーツカーを使う環境を整えようとしました。高性能スポーツカーは、放っておくとクルマを取り巻く市場が荒れてしまい、イメージが落ちることがありますが、きちんとした社会的市民権を与えたかった。そうやって無形の財産を築き上げてきたことが、NSXを長生きさせたと思っています」

だが、それが実現できたのも「基本的に確かなハードウェアがあったから」と、上原はNSXが持ち得た潜在能力の高さを挙げる。

「NSXの美点は、機械として長持ちすることです。何といってもアルミボディに挑戦し、それに高い剛性を与えたのが効いている。もうひとつの美点は、理想的な操安性を追求していることです。もともと私はシャシー担当ですから、スポーツカーを作るなら、何をおいても操安性を最重視するという、意地というか思想でやってきましたが、それが結果としてNSXの世界を広げ、新しい価値を提案したと思っています。さらに軽くて丈夫なアルミボディ、それに高出力でトルクフルなエンジンなどが結びつくと、機械的な効率が非常に高まるのです。だから性能の割には燃費もいいし、無理していないから長持ちもする。サーキットなどを走っても消耗が少ない。確かに初期はタイヤだけはすぐに減ってしまいましたけれど、基本的にはとてもロングライフなクルマなのです。ということは長い目で見ると経済的なクルマでもある。私もまだ所有していますから。それに加えて、どんな速度域でも快適で、飛ばしても、ゆっくり流しても楽しいという、世界でも稀有な高性能スポーツカーだったと私は誇っています」

上原 繁(うえはら しげる)

1947(昭和22)年、東京都生まれ。

東京農工大学工学部機械工学科卒。

1971(昭和46)年に株式会社本田技研工業入社。第6研究ブロックにてESV操縦安定性の研究を担当。

1985(昭和60)年にミドシップ研究プロジェクトLPLを担当。LPL室に異動後、1990(平成2)年発表のNSXのLPL、1995(平成7)年発表のインテグラType RのRAD(Representative Automobile Development)を担当。

1999(平成11)年発表のS2000、2代目NSXのLPLを担当。

2007(平成19)年に株式会社本田技術研究所を退職。

車名	ホンダ NSX
エンジン	
型式名	C30A
形式	水冷V型6気筒 DOHC24バルブ 横置きミドシップ
排気量	2977cc
最高出力、最大トルク	280ps／7300rpm(4AT:265ps／6800rpm)、30.0mkg／5400rpm
変速機	5段MT／4段AT
シャシー・ボディ	
構造形式	モノコック 2ドア・クーペ
サスペンション(前／後)	ダブルウィッシュボーン／ダブルウィッシュボーン
ブレーキ(前／後)	ベンチレーテッド・ディスク／ベンチレーテッド・ディスク
タイヤ(前／後)	205/50R15／225/50R16
寸法・重量	
全長×全幅×全高	4430×1810×1170mm
ホイールベース	2530mm
車両重量	1350kg(4AT:1390kg)
乗車定員	2名
燃料タンク容量	70リッター 無鉛プレミアム
価格	800.3万円、860.3万円(4段AT)

著者紹介

大川 悠(おおかわ ゆう)

1944(昭和19)年生まれ。1965(昭和40)年、株式会社二玄社入社、自動車雑誌「カーグラフィック」編集部に在籍。同誌副編集長を経て、1984(昭和59)年に自動車雑誌「ナビ」を創刊、初代編集長となる。以後、編集局長、二玄社自動車部門総編集局長などを務めた後、2006(平成18)年に退社、フリーランスのライター／エディターとなる。

NSX

NSX

NSX

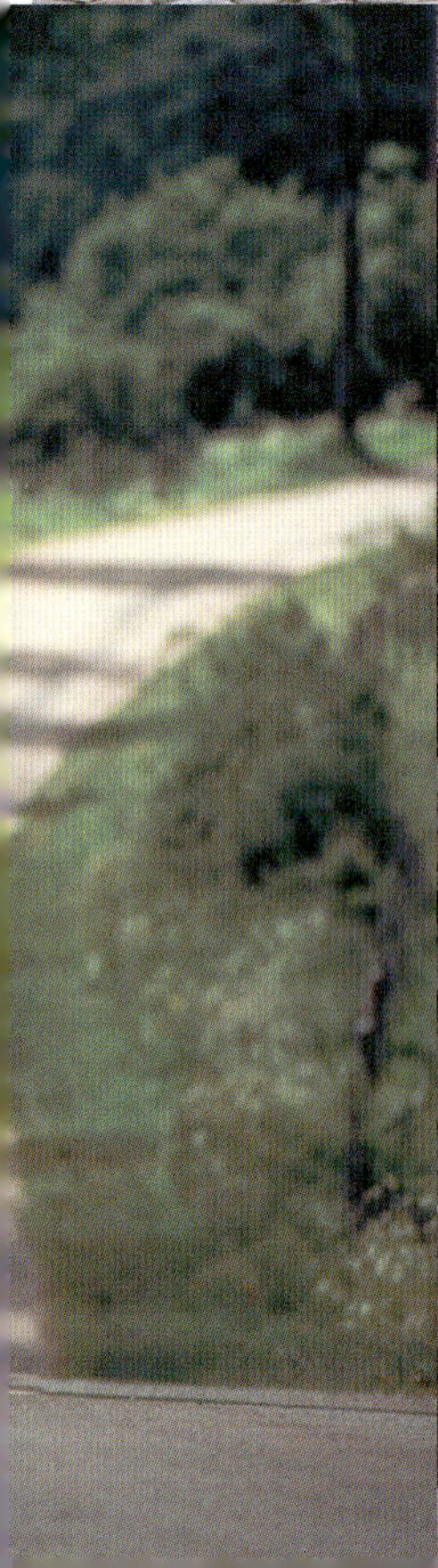

GE
2704 Z

359
HXY 75

NISSAN SKYLINE R32

名車復活に懸けた熱き想い

伊藤修令

ニッサン スカイライン（R32 型）開発主管

聞き手：生方 聡

多くのファンの期待に応え、GT−Rの復活とともにその名声をふたたび日本、さらには、世界に響かせた〝アールサンニイ(R32)〟こと8代目スカイライン。このモデルを開発するにあたり、開発主管として指揮を執ったのが伊藤修令だ。精悍なGT−Rのイメージとは裏腹に、終始朗らかな表情を見せる伊藤。「俺はこう思うから、みんなついて来い、というタイプではないんですよ」という彼が、どのようにして伝統ある名車であるスカイラインを復活に導いたのだろうか。

あこがれのスカイライン

伊藤が富士精密工業(のちにプリンス自動車工業に社名を変更)に入社したのは1959(昭和34)年4月のことだった。広島大学工学部を卒業後、生まれ故郷を離れて東京へ。地元には東洋工業(現・マツダ)があり、大卒の初任給は東洋工業のほうが高かったというが、伊藤にはあえてプリンス自動車を選ぶ理由があった。「とにかく、スカイラインが好きでした。あこがれのクルマだったのです」伊藤がいうスカイラインとは、1957(昭和32)年にデビューした初代プリンス・スカイラインのことである。

「当時は、トヨタ・クラウンや日産のダットサン、ノックダウン生産車のオースチンやヒルマンがありましたが、初代の〝ALSI〟スカイラインは垢抜けたデザインがとても格好良く、また、様々な新技術を搭載したことに惹かれたのでしょう」

そんな画期的な日本車を世に送り出したプリンスに、伊藤は魅力を見出したのだ。

「その頃は、日産も日野も、ヨーロッパのクルマを国内でノックダウン生産していました。いっぽう、トヨタとプリンスは〝自前〟でつくる自動車メーカー。自分がやるなら、自前のメーカーでなければ意味がなかったのです」

プリンス自動車が中島飛行機の流れを汲むというのも、伊藤の心を掴んだ理由だ。

「飛行機といっても軍用機をつくっていたわけですから、性能第一なんですよ。そうなると、たとえば、新入社員でも正しい意見を述べれば、それが採用される社風がありました。若いからダメだ、ということはなかった。部長も取締役も、技術の前では平等でした。いっぽう、(のちに合併する)日産は官僚的で、平社員が課長を飛び越えて部長と話をすることなどありえませんでした。プリンスでは重役でも〝さん〟付けで呼んでいましたしね」

■スカイラインとともに歩んだ月日

新人研修後に伊藤が配属されたのはシャシー設計の部門だった。

「最初はエンジンやプロペラシャフトのマウンティングといった振動関係を担当し、途中からはサスペンションの設計を手がけました」

新車の開発に携わったのは、1962（昭和37）年発売の2代目グロリアが最初で、その後、2代目スカイライン（1963〔昭和38〕年発売）ではサスペンション設計の一部を担当。1966（昭和41）年にはプリンス自動車と日産が合併し、その最中、〝箱スカ〟として知られる3代目スカイライン（C10型、1968〔昭和43〕年）の開発では、サスペンション設計に加えてクルマのレイアウトも任されている。「小さい会社で人もいなかったから、若い技術者にいろいろやらせてくれたんですね」

その後も、ベストセラーとなった〝ケンメリ〟こと4代目スカイライン（C110型、1972〔昭和47〕年発売）、〝ジャパン〟と呼ばれた5代目（C210型、1977〔昭和52〕年）を手がけるが、「1978（昭和53）年からは商品企画に移り、ローレルや初代マーチ、プレーリー、またFRに戻ってローレル、レパードを担当しました。6代目のR30スカイライン（1981〔昭和56〕年）は、ローレルとレイアウトが共通でしたから関わりはありました。7代目のR31（1985〔昭和60〕年）は発売を目前に控え急遽開発主管になりました。実は1984（昭和59）年の暮れにスカイラインの開発主管だった櫻井眞一郎さんが病気で倒れましてね。それで、当時ローレル、レパードを担当していた僕に、『お前、スカイラインも見ろよ』ということになったのです」

2代目から7代目まで、スカイラインの変遷を、内から、また側から見つめてきた伊藤。

当然、シリーズの浮沈も目の当たりにしてきた。
「箱スカ(3代目)、ケンメリ(4代目)の頃が人気のピークで、何をやっても当たる時代でした。皆の期待に応えられた。だけど、ジャパン(5代目)になると、前半はそのネームバリューで売れましたが、マイナーチェンジ後あたりからは下降線を辿りました。そして、R30(6代目)、R31(7代目)はモデルチェンジのたびに販売台数が10万台ずつくらい減っていきました。それだけに、『なんとかしなければ』とは思っていました」
人一倍スカイラインに思い入れがあり、スカイラインとともに黄金期を過ごした伊藤にとって、人気の低下はさぞ口惜しかったに違いない。そのいっぽうで、凋落の理由を冷静に分析する伊藤がいた。
「スカイラインが人気を得たのは、他車にない先進性や高性能を前面に推し出すことができたからです。それが、排ガス対策が終わったジャパン(5代目)のあたりから、新しいものが何もなくなった。サスペンションはC10(3代目)用に僕が設計したフロント・ストラット、リア・セミトレーリングアームがずっと受け継がれていましたし、6代目までは6気筒エンジンはL20型のままでした。その点トヨタは、排ガス対策後は、エンジンをツインカム化したり、足まわりを電子制御化した。ホンダもダブルウィッシュボーンを採用した。けれど、日産は新技術を投入しなかった。というのは、当時の日産は〝これからはFF〟と考えて、そちらに全精力を傾けていった。だから僕もマーチやプレーリーを担当したわけです」

その結果、日産ではローレルやスカイライン、トヨタならマークⅡに代表される小型上級FR市場は、1970年代の半ばにはトヨタの2割に対して日産は7割と圧倒的なシェアを誇っていたにもかかわらず、1978(昭和53)年にはトヨタが日産を販売台数で上回り、以後日産のシェアは低下を続けることになる。

■7thスカイラインの開発リーダーとして

苦戦が続くスカイラインをなんとか立て直すべく、日産は7代目の〝7thスカイライン〟(R31型)で路線変更を試みる。

「走り、走りで押してもダメだから、マークⅡのようにもう少し上級なクルマを狙いました。ラグジュアリーな〝ハイソカー〟路線です。しかし、結果は良くなかった」

デビュー目前にスカイラインの開発主管に抜擢された伊藤に為す術はなかった。

「R31の企画にはまったく関与できなかったんです。R30やR31は他車の後追いでした。しかし、お客さまがスカイラインに望んでいるのは先進性なんですよ。それを心得ていれば、後追いなどできるはずなどないのに。僕は常々、〝存在価値〟を大切にしたいと考えています。何のために自分が存在するのか。何のために商品があるのか。何のための会社なのか。その存在価値が主張できなければ意味がないとね。スカイラインの存在価値は、他車にない新しい技術を使って、他車をリードすることです。だから、ケンメリ（4代目）あたりまでは、新車発表直後はもの凄い数のお客さんがディーラーに来て

くれました。新しいスカイラインはどう変わったのかってね。そういう期待に応えるようなクルマづくりが必要なんです。独自性が押し出せなくなったら、それはもうスカイラインではない。だから、エンジンとサスペンションは最新でなければならない。スカイラインは走りの代表選手と皆が思っているわけですから」

■8代目スカイラインに懸ける

1985(昭和60)年8月、そんな思いとともに7代目のデビューに立ち会った伊藤は、同じ年の秋にはR32型、すなわち8代目となる次期型スカイラインの開発主管として、いよいよ動き出した。

「次のモデルは、誰からも文句をいわれないような、スカイラインらしいスカイラインにしたい」という思いは強かった。そのために伊藤は、「スカイラインの長い歴史のなかで、拍手喝采で迎えられたモデルと、〝なんだこれは!〟といわれたモデルとを見てきた経験から、これぞスカイラインという部分を徹底的に追求しました。と同時に、スカイラインに求められていないような無駄なことは、思い切って止めようと考えました」

ただ、伊藤が長い経験からスカイラインのあるべき姿を思い描けたとしても、クルマは伊藤ひとりでつくるものではない。それにはコンセプトを明確にする必要があった。

「クルマの開発は多くの組織を使うものです。そこで、個々の組織の考え方がバラバラではうまくいかない。こうしてくれといっても、いやそうじゃない、こっちのほうがいいだろう、ということになりかねないし、皆がバラバラなことを言えばまとまらない。それでも、皆の考えがぴったり同じになるわけではありません。しかし、スカイラインとして絶対に外してはならない〝的〟だけは外さないように、最大限の努力をしました」

そこで伊藤はまず、理想のスカイライン像を開発メンバーと徹底的に話し合った。

「仕事のうえでは平社員も重役もない、という環境で育ってきましたから、若い人たちにも意見を言わせました。スカイラインの理想像がどんなものか自由に議論させたわけです。そうはいっても、開発費がふんだんにあるわけではないし、人も限られています。だから、〝仕分け〟が重要になってきます。絶対にやらなければならないことと、やったほうがいいこと、やらなくてもいいこと、やらないほうがいいことを分けました。そして、絶対にやらなければならないことは人も金も掛け、やってしまうと却ってスカイラインらしさが失われるようなことを排除していきました」

組織の方向性が定まったところで、開発メンバーの士気が高まらなければプロジェクトは成功しない。

「すべてのメンバーが本気にならないとダメなんです。自分たちがつくったスカイラインが自慢できるようでなければね。そこで僕は〝他人に文句を言え〟、つまり、他のメンバーの職務に対して意見を言うようにさせたんです。エンジン設計部、シャシー設計部、デザイン部、というように、大企業では組織がはっきりしています。それぞれが適当に動いてもクルマは形になるが、それではマズイ。つくり手の全員が自慢できるクルマになるよう、たとえばエンジン担当には、シャシーやデザインに文句を言えと指示しました。自分がデザインの担当じゃなくても、格好が悪いと思ったら文句を言おうって。それをせずに、出来上がったクルマに社内の人間が文句を言うのは、それこそお客さまに失礼ですからね。それまでは、デザインにケチをつけると、『何言ってるんだ、俺たちは先のことまで考えてつくっているんだ。素人は黙っていろ』と跳ね返されたものでした。プライドもありますしね。しかし、美術館で絵を見るとき、作者がその絵を描いた状況や意図を説明しないでしょう？　黙って見て、いいと思わせなければならない。クルマのデザインも同じで、デザイナーがお客さまにいちいち説明する機会はありません。見た人がいいと思ってくれる、お客さまの心に響くデザインです。それはサスペンションやエンジン、乗り味だって同じ。そのためには、メンバーが自由に議論することが大切です。もちろん、意見が通るとは限りませんが、もし通れば、自分の意見が開発に反映されたことに歓びを感じるはずです。そして、結果として皆が欲しいクルマが生まれればいいんですよ」

縦割りの開発体制に風穴をあけて、横のつながりを密にした伊藤のやりかた。旧き佳きプリンス自動車時代の経験がここにも活かされていたのだ。

■批判は覚悟の上でのダウンサイズ

R32型の個性を際立たせるために、伊藤は新型スカイラインに新開発のサスペンションを搭載する。3代目から連綿と続いてきたフロント・ストラット、リア・セミトレーリングアームを止めて、4輪マルチリンクの開発に乗り出したのだ。いっぽう、後席の居住性やトランク容量を割り切り、7代目に比べて全長で80㎜のダウンサイズを敢行している。

「批判は覚悟のうえでした。責任は僕が取るから小さくしてくれと。トランクを小さくしたのは、スタイリング上の理由からです。〝7th〟はお尻が重く見えていました。もう少し軽快に走るイメージを与えるために、リアオーバーハングを詰めたかった。デザイナーには、『本当にいいんですか?』と聞かれましたが。実はそう決める前に、社内のスカイラインユーザーにアンケートを実施しました。トランクを小さくしたいんだけど、皆どう思うかってね。そうしたら『いいんじゃない』という答えが多かった。トランクが満杯になることなんて年に数えるほどで、それ以外はほとんど空で使っているからというんですよ。それで、格好を良くして、走りを磨くほうが、スカイラインのユーザーのためになるのではないかと確信しました。僕自身は、アンケートの実施前からダウンサイズしようと思っていましたが、独断で決めるわけにはいきませんから、裏付けが必要だったんです」

さらに伊藤は、その頃から活発化していた〝グループインタビュー〟で、さらに確信を強めたという。

「〝クルマを小さくする〟〝走りに徹する〟というR32のコンセプトを自分自身が納得し、さらに社内を納得させるために、様々なユーザーグループにインタビューを実施しました。〝スカイラインとはどんなクルマか〟とか、〝いまのスカイライン(7代目)をどう思うか〟とか、いろいろと聞きました。そこに、トランクは狭いけれど、格好が良くて、室内も広くはないがスポーツカーのような囲まれ感のあるスカイラインがあったらどう思いますか、という質問を紛れ込ませました。もちろん、R32を意識してのことです。対象は従来ユーザーに加えて、〝ハイソカー〟や輸入車、スポーツカーのユーザーなども集めました。その反応を見て〝これならいける〟という手応えを掴んだので、僕は思いきって僕のコンセプトにゴーをかけた。グループインタビューで市場から意見を拾い上げることもありますが、僕の場合は、自分が考えているクルマが本当にいけるのかを検証するのが目的でした」

これをもとに、7代目スカイライン発売の翌年、1986(昭和61)年3月に、伊藤はR32型スカイラインのコンセプトを社内でぶち上げた。

「7thでもライバルに比べたら走りは良かったと思います。しかし、皆はさらに高いレベルを期待していた。スカイラインらしさを明確にして、いちいち説明しなくても、見て、乗って、〝これぞスカイライン〟と感じてもらえたらそれでいい。それだけにスカイラインはとても難しいクルマなんですが、そのぶんつくりがいがあることも確かですね」

■メンツよりも本音

R32型の開発と並行して、伊藤は7代目スカイラインのマイナーチェンジを準備していた。評価が芳しくない7代目の人気を盛り返すため、伊藤は〝7th〟用に新開発された直列6気筒DOHCエンジン「RB20DE」型を改良することにした。実はこのエンジン、次のＲ32型にも引き続き搭載される予定だったが、評価が高くなかった。
「いざ発売してみると、売れるのは4気筒ばかりで、目玉の6気筒が売れ残る始末。ディーラーからはかなり突き上げられました。それもあって、マイナーチェンジにあわせてエンジンの大改造を設計に指示しました。ＲＢ20ＤＥ型に搭載されていた世界初の可変吸気システムをシンプルな機構に改めたんです。この目論見は上手くいって、パンチのあるエンジンに蘇りました。しかし、役員会に提案したら『世界初の可変吸気システムと発表したばかりじゃないか！』と蹴られました。そのとき僕は、『これをやらなければスカイラインは死にますよ』と食い下がりました。改良によって、馬力は上がるし、重量も軽くなる。値段も安くなる。ダメなら辞めてやる、という勢いで議論して意見を通しました」

「メンツよりも本音で取り組まないと、本当に良いものはできません。サラリーマンだから、上に意見を言うのは簡単ではない。でも腹を括って、『これが通らないなら僕は辞める』という気持ちとそれを受け入れるような会社でなければ良いものはできませんよ」

もちろん、相手を納得させるには、周到な準備が必要だ。

「Ｒ32では、クルマを小さくして、走りに徹して、若者が欲しがるようにすると提案しました。それまでの、多くのお客さまを引き継ぐための路線とは違ったものでした。しかし、このまま進んでも発展はなく、実際に販売台数は減ってきています。それに歯止めをかけるためには、思い切った行動に出る必要があった。その答えが、スカイラインらしいスカイラインに徹することでした。すると営業サイドからは、『いままでのお客さまを捨てるのか。狭いといわれてきた購買層をさらに狭めるとは何事か』という意見が出ましたが、それまでの歴史やグループインタビューの分析結果を提示することで、うまく上を説得することができたんです。そもそも、そういった反論は予想していました。失敗しそうな要素があれば、事前にチェックしておくことが大切なんです。僕は自信家ではありませんし、野心家でもなく、一発勝負に出る勇気はない。だから、自分自身が納得しないと前に進めないし、もろん失敗は許されない。100点満点は難しいかもしれませんが、新しいコンセプトのスカイラインを支持してくれる人が多ければ、それでいいと思いました」

■GT-R復活に向けて

8代目スカイラインの成功を語るうえで欠くことのできない話題が、伝説のスポーツモデル「GT－R」の復活である。4代目の〝ケンメリ〟時代を最後に途絶えていたGT－Rを復活させるのは、伊藤の悲願だった。

「僕自身、2代目のS54(スカイラインGT)、3代目がベースの初代GT－R(PGC10／KPGC10)に携わりましたので、レースでの実績や市場での評価を理解していました。

GT－Rは走りのスカイラインのイメージリーダーであり、スカイラインからかけ離れたモデルではありません。あくまでもスカイラインなのです。ジャパン（5代目）やR30（6代目）の発表会では、『どうしてGT－Rが出ないのか？』と何度も聞かれたものです。当時は会社に余裕がなかったので致し方なかったのですが、僕自身は、スカイラインを担当するなら絶対にGT－Rをつくるんだ、と心に決めていました」

ところが、いざ伊藤が開発主管となると、直後の1985（昭和60）年9月に〝プラザ合意〟があり、それまでの円安・ドル高が一転。急激な円高が大きな痛手となり、日産は創業以来初の赤字に陥ることになる。

「当然、予算削減、無駄の排除が叫ばれた

わけですから、新たにGT－Rをつくりたいなどといえる雰囲気ではありませんでした」

そんな折り、伊藤を奮い立たせる出来事があった。

「1985(昭和60)年11月10日、富士スピードウェイに国際ツーリングカーレース『インターテック』を見に行ったんです。スカイラインはR30(6代目)でしたね。そこで見たのは、〝走るレンガ〟と呼ばれるボルボ240ターボの圧倒的な速さでした。R30はまったく歯が立たない。結果はボルボ240ターボの1－2フィニッシュ、R30は1台が11周遅れの5位、もう1台はカローラやシビックよりあとの13位と、惨憺たる結果でした。S54や初代GT－Rの時代は、レースに出ればぶっちぎりで勝っていましたから。こんな惨めなスカイラインを見るのは耐えられない。次期型(8代目)でGT－Rをつくってやろう。それでガイシャをやっつけて世界一になるんだ、と決意したんですよ」

とはいっても、当時の日産の経営状況が厳しいことに変わりはない。

「まず、1986(昭和61)年3月の〝開発宣言〟の際に、開発費削減のために車種を減らし、国内専用にすると説明しました。実際、車種数は79から18になりました。削るところは削って、そこで捻出した開発費で、エンジンやサスペンションを新しくしたのです。実はまだこの段階では、GT－Rについては触れていませんでした。その4ヵ月後、スカイラインの開発を決定する経営会議があるわけですが、直前の役員会でGT－Rを提案しました。

すでにスカイラインのアウトラインは決まっていましたが、『新型を成功させるためにはイメージリーダーがどうしても必要です。GT－Rを復活させて、スカイラインのイメージを再構築しなければ！』と訴えました。そして、こんな言葉を付け加えました。『トヨタの高級・高性能車ソアラの価値を陳腐化させてやる』とね」

選択と集中。そして眼前の敵を討ち取るという殺し文句が、日産を動かしたのだ。

■走りを磨く

スカイライン、そしてGT－Rの名に相応しい走りを実現するため、伊藤は新しい試みにも挑んだ。テストドライバーの意見を〃神の声〃と位置づけたのも、その一例である。

「それまで、テストドライバーの役割は、担当エンジニアの指示に従って試作車を運転し、データを取ってくることでした。また、ヒエラルキー社会の日産では、開発主管がテストドライバーと話をすることなどまずなく、話すのはエンジニアだけでした。しかし、それではクルマのフィーリングが伝わらない。僕はクルマの走りはデータではなく、フィーリングだと思うんです。実際に運転するのはテストドライバーですから、その意見は神の声と思いなさいとエンジニアに伝えました。そうすることでテストドライバーの責任感も強まります。彼らも必死になり、結果的に腕も上がって評価能力もグンと上がりました」

開発の舞台に、スポーツカーの聖地として知られるドイツのニュルブルクリンク・サーキットを選んだのも、走りのスカイラインを生み出すための手段だった。

「当時、日産では〝901活動〟を推進していました。1990（平成2）年にシャシー性能世界一のクルマをつくろう、ということで、R32スカイラインとZ32フェアレディZ、P10プリメーラに新開発のマルチリンク・サスペンションを採用して、それぞれの開発陣が世界一を狙ったわけです。スカイラインはGT‐RとFRモデルの〝タイプM〟でプロジェクトを進めることになりました。問題は世界一をどうやって証明するかということで、それでニュルブルクリンクのラップタイムで評価することにしたんです。他の部署からは『輸出もしないのに、どうしてニュルブルクリンクなんだ』という横槍が入りましたけどね」

日産が開発の舞台として、本格的にニュルブルクリンクを走るのはこのときが初めて。予想以上の厳しい試練が開発陣を待ち受けていた。

「最初は全然ダメでしたね。国内のテストでは時速250キロの連続耐久試験でも問題ありませんでしたが、ニュルブルクリンクでは半周もちませんでした。オーバーヒートとエンジンオイルの片寄りでターボが焼き付いてしまったんです。約1週間かけてようやく走れるようになると、今度はボディ剛性が不足しているとか、サスペンションの特性に問題があるなど、他の課題が噴出しました。ドライバーに聞くと、コーナーが曲がりきれないと言う。そこで安定方向に振っていた特性を、操縦性重視に変えることが必要になりました」

伊藤たちが目指したラップタイムは、当時最速だったポルシェ944ターボの8分40秒をさらに縮める8分30秒。最初の滞在で8分40秒を切り、1989(平成元)年7月には8分28秒台をマークしたことで、901活動の目標は見事に達成された。そして、翌月の8月21日、GT-Rは晴れて日本デビューを果たしたのである。

■スカイラインが教えてくれたこと

このような厳しい試練に耐え、生まれ変わったスカイラインは、日本のファンや自動車評論家から高い評価を受けることになった。スカイラインの販売台数の長期にわたった凋落を食い止め、R32型を成功に導いた伊藤はこう語る。

「スカイラインの開発に長く携わってきて、僕は、ブランドの期待に応える大切さを忘れてはならないと思っています。それにはまず、何が期待されているかをきちんと把握しなければなりません。コンセプトがブレているときは、期待が把握できていない証拠です。そして、企画が勝負。個性や存在価値を訴える商品企画が重要です。さらに、創造と挑戦。継続は力、ということも忘れてはなりません。むろん、人が変われば、その人の色を出すことはいいと思いますが、右から左に無闇に方針を変えるようでは、成功はありません。R32が成功したのは、皆にわかりやすいクルマに仕上がったからでしょう。商品として欠点はあっても、僕はそれでいいと思うんです。それ以上に長所が伸ばせたらそれでいい」

そう語る伊藤にとって、スカイラインとはどんな存在なのだろう。そう訊ねると、予想もしていなかった答えが返ってきた。

「スカイラインは僕の友だちです。〝スカイライン君〟。人格を持っているんですよ。スカイライン君は、プリンス家のエースとして誕生しました。それなりに期待されて、期待どおりに活躍していた。そのうち、兄貴のグロリアとスカイラインが役割を分担しなければならなくなり、豪華な部分はグロリアに任せて、お前はファミリーカーとして一家を支えてくれといわれた。グランプリがあるということで、『強力な心臓を移植するからお前が走れ』と担ぎ出された。いざ走ってみると、ポルシェ君には負けたけど、2位から6位までは獲れた。以来、『スカイライン君は走りがいいじゃないか！』とおだてられて、レースがあれば駆けつけたわけです。良い脚や良い心臓を移植されて、3代目になるとさらに良く走りました。ところが、5代目になってふと気づくと、心臓は古いままだし、足まわりも手を入れてくれない。それで〝走れ、走れ！〟と言われても『俺は走れないよ。何とかしてよ』と叫んでも、日産の上層部には聞こえなかった。『いまはＦＦに力を入れないとならないし、他にも手の掛かることがあるから』と放っておかれた。R30になっても、隣のソアラに乗ったボンボンがカワイコちゃんを連れてきたのを横目に見て、『オレ、走れ、走れっていわれてきたけど、本当にこれでいいのかなぁ』と迷い始めた。じゃあ、オレも立派なスーツでも着ようかと、ハイソサイエティの社会に出ていったR31。でも、なんとも場違いだった。それじゃあいけないと、走りのスカイラインにふさわしい体型にダイエットして、強力な心臓を移植して、もう一度頑張ったのがR32というわけです」

「こんな風に僕にはスカイライン君が何を叫んでいるのか、聞こえてくるんですよ。その時代その時代で、スカイライン君が何を考えていたのかわかるような気がして。こんなことはやっちゃいけないとか、こうしてあげないといけないということを、いつもスカイライン君が教えてくれたんです。僕はR32スカイライン君を皆が思い描いていた姿にしてあげられたと思っています。本人が喜んでいるかはわかりませんけどね。スカイライン君は幸せな〝人間〟だと思います。なんだかんだと言われながらも沢山の人から支持されてきたわけですから。そんなクルマは他にはないでしょう」

「僕自身も、スカイライン君のおかげで良い人生を過ごさせてもらいましたよ。スカイライン君にあこがれて入社して、日本の自動車が成長する1950年代には、先進国のクルマに追いつけ追い越せで一所懸命やってきました。1960年代に入ってからは、日本の自動車が発展して、そして、1970年代に入ったら、安全性や環境性能に目を向けるようになった。そして、20世紀の終わりが近づくにつれ、世界に打って出られるような、存在価値を残すようなクルマをつくらなければいけない、と考えるようになりました。振り返れば、20世紀の後半、一番いい時代に自動車の開発に携われたのは幸せでした。とにかく僕は、スカイラインに憧れて、プリンスに入ったわけですからね」

長年培われてきたスカイラインへの思いを胸に、自分に正直にプロジェクトを進めた伊藤。彼をおいて、スカイライン復活の適任者はいなかったのだ。

伊藤修令(いとう ながのり)
1937(昭和12)年広島県生まれ。1959(昭和34)年、プリンス自動車工業株式会社の前身である富士精密工業株式会社に入社。主にシャシー設計を担当。1966(昭和41)年に日産自動車株式会社とプリンス自動車工業株式会社の合併後、1973(昭和48)年に日産自動車第3シャシー設計課長、1981年1月からマーチ、プレーリーなどの開発主管を歴任、1985(昭和60)年にR31型スカイラインのマイナーチェンジを手がけたのち、R32型スカイラインの開発主管となる。1999(平成11)年まで株式会社オーテック・ジャパンの常務取締役を務める。

車名	ニッサン スカイライン 4ドア・セダン　GTS-t Type M	2ドア・クーペ GT-R
エンジン		
型式名	RB20DET	RB26DETT
形式	水冷直列6気筒 DOHC24バルブ ターボ＋インタークーラー 縦置きRWD	← ターボ×2＋インタークーラー 縦置き4WD
排気量	1998cc	2568cc
最高出力、最大トルク	215ps／6400rpm、27.0mkg／3200rpm	280ps／6800rpm、36.0mkg／4400rpm
変速機	4段AT	5段MT
シャシー・ボディ		
構造形式	モノコック・4ドア／モノコック	2ドア・クーペ
サスペンション（前／後）	マルチリンク／マルチリンク	←
ブレーキ（前／後）	ベンチレーテッド・ディスク／ ベンチレーテッド・ディスク	←
タイヤ	205/55R16 88V	225/50R16 92V
寸法・重量		
全長×全幅×全高	4580×1695×1340mm	4545×1755×1340mm
ホイールベース	2615mm	←
車両重量	1310kg	1430kg
乗車定員	5名	←
燃料タンク容量	60リッター 無鉛プレミアム	72リッター 無鉛プレミアム
価格	243.7万円	445万円

著者紹介

生方 聡（うぶかた さとし）

1964年（昭和39）年生まれ。慶應義塾大学理工学部電気工学科卒。外資系コンピューター企業を経て、1992（平成4）年に株式会社二玄社入社、「カーグラフィック」編集部に在籍。1997（平成9）年に退社、フリーランスのライターとなる。現在「モータリング」社長。

SKYLINE

SKYLINE

NISSAN
TWIN CAM 24VALVE
TWIN TURBO

SKYLINE

SKYLINE

SKYLINE

EUNOS ROADSTER

ライトウェイト・スポーツカーの復活

平井敏彦

ユーノス(マツダ)ロードスター開発主査

聞き手:編集部

真冬の箱根の峠道。山の肌を差す冷気が心地好い。カメラマンとドライバーに撮影機材が加わった2名フル乗車であっても、鈍重な重いは感じない。回転感覚に色気は感じにくいエンジンだが、実直にパワーを発揮してくれるので、選択するギアを間違えなければ、ボディは前へ前へと押し出される。なにより総走行距離が約8万kmに達しようとする1990年式Vスペシャルがマツダ広報部管理のもとで丁寧に保管されているからに他ならない。レザーの内装はさすがに多少なりは草臥れてはいても、ボディの緩ささえまったく感じないのだ。小さなカーブでは、モモ製のステアリングホイールを切れば切っただけノーズが狙った方向へと向いてくれる。まさに「人馬一体」――この感覚こそが、今から22年前の1989(平成元)年に世に送り出されたライトウェイト・スポーツ、初代マツダ(当時はユーノス)ロードスターの魅力だ。

■小型軽量スポーツカー復活を目指して

「ライトウェイト・スポーツカー(Light Weight Sportscar、以下LWS)の基本的な発想は子供のからずっとありました。私の頭の中には、ロータリーが目立つマツダの姿にある種の反発があったのかもしれませんが、昔から自分が乗りたいと思っていたクルマを再現してやろうとしたんです」

神奈川県横浜市子安にあるマツダの横浜研究所でお会いした平井敏彦は、1961(昭和36)年にマツダに入社以来、基礎設計部門で研究開発に従事、数多くの車種の開発に関わった。そののち、ロードスターを生みだすことになったきっかけを氏はゆっくりと語り始めた。

かつて1930〜1960年代に生まれた英国製モデルを中心に人気を博していたLWSは、軽量コンパクトで運転する楽しさをスポーツカー好きにもたらした。だが、1970年代以降に米国で排ガス規制とともに施行された安全規制の強化は、衝突安全対策のための装備追加を主とする重量増加などを招き、LWSの魅力を削いでいった。オープンモデルのスポーツカーはその数を減らし、こと伝統的なフロントエンジン・リア駆動のLWSに至っては皆無といってよかった。時は巡って、1980年代半ば頃。当時の平井は、どのようなきっかけでロードスターの発想を生み出したのだろうか。

「LWSを復活させようとした当初、周囲の反応はまったく温かくなかったでした。アメリカでFMVSS(Federal Motor Vehicle Safety Standards=米国連邦自動車安全基準)による法規制が施行され、その内容を見たときには、多くの自動車エンジニアが〝もうLWSに未来はない〟と思ったはずです。最初は私もそう感じました。けれども、オープンスポーツのようなクルマが国の法律規制などで押しつぶされてしまうような世の中では面白くない。そこで、1960年代に英国で生まれたような旧き佳きオープン2シーターを再現することはできないかと考えたわけです」

1980年代後半のバブル景気で国内市場は活況を呈していたとはいえ、実際に企画部が正式にライトウェイトスポーツの企画を社内の経営会議に提案したときには、1979(昭和54)年に米フォードがマツダに出資して筆頭株主となるなど、マツダの経営状況が順風満帆とは言い難く、主要銀行から役員が派遣されているような状況であり、マツダ社内の人々は冷めた目でこの企画を見ていた。だが、むしろ、社外から入っていた銀行系役員(マツダでは専務)に話をすると『これは面白いじゃないか』など、興味を示したこともあったという。

■〝リバーサイドホテル〟と呼ばれて

「クルマの開発というのはヒト、モノ、カネが要るわけです。ちょうど世間の景気そのものはよかったから、資金面はなんとかなるだろうと。一番困ったのはヒトと場所。まず実行したのは、設計者が仕事ができる場所を確保することでした。開発当初は設計用製図版を使って定規などで線を引く作業を実施していましたから、前段階でプランを立てるにしてもある程度線を引きながら、設計を進める作業をする場所が必要だった。それに私ひとりが〝作るぞ、作るぞ〟と叫んでみてもクルマが出来るわけではありませんから、少人数でもスタッフは必要なわけです。そこで、現実問題として日本のマツダ社内で人は動かせないということであれば、外部の企業に協力を仰いではどうかと、銀行から派遣された役員から提案がありました。以前から、MANA(Mazda North America、マツダの在アメリカ開発機関)とは人材の交流があって、彼らにも協力を依頼しましたが、実はアメリカ側でもスポーツカーの企画案があったようでした。結果として、人材派遣も手がけていた英国の開発委託会社のIAD(International Automotive Design。同社はその後、ロードスターの自走可能なプロトタイプを製作した)が興味をもっていることがわかりました。たとえば、これこれこのような人材が欲しいと彼らに声を掛けれ

ば、お金さえ出せば注文を受けて、世界中からいろいろな人材を集めてくれました」

「開発の初期では外部から5人のエンジニアを必要としたのですが、日本にやって来たのはイギリス人が2人、ポーランド人とチェコ人が1人ずつ、もうひとりはフランス人でしたが英語がまったく喋れなかったりするわけです。彼らに対して、マツダから2～3人のスタッフをそれぞれに充てがいました。件のフランス人にはドアのデザインを担当してもらい、これにマツダのスタッフが1人加わって2人で作業を進めたわけですが、日本人の担当者は広島弁しかしゃべれない(笑)。これでコミュニケーションがとれるのかと心配しましたが、それでも1週間も経つと設計図面ができて、2週間経つと初歩的な試作品がなんとか出来上がってきましたね。他にも広島の部品会社に、ドアの図面を設計してくれれば、そちらで造って(量産)もらいますよといったように、後の発注を前提とした〝ヒモ付き〟の契約で試作品を製作してもらっていました」

ロードスターのプロジェクト(後に〝P729〟のコードネームが与えられた)の規模は、どのように拡大していったのだろうか。

「開発プロジェクトでは初期の2～3人から、5～10人と増えていったわけですが、世に出るのは5年ほどの先の話。いつなんどき会社での状況が変わるかわかりませんし、コストが予想外に膨らんでしまうかもしれませんから、企画そのものがストップする可能性すらある。そういった状況の中で、開発を進めていきました」

とはいえ、ロードスターのプロジェクトの正式な承認は、そう簡単には降りなかった。

「役員会議で現状ではこういう状況で進んでいますと説明すると、最初は役員と廊下で顔を合わせたりしても『あのプロジェクトの主査か……』とソッポを向かれてました。しかし、少しずつ実績を積んで図面が出来上がってくると、当初は仕事場さえきちんとは用意されてなかったのに、どうにか与えられたのが6階建ての建屋の一部でした。1階は試作工場、2階は食堂などがあって、最初は試作車や参考車両を保管する5階の一部を借りるというかぶんどりました(笑)。会社の認証を得た後は同じ建物の5階か6階の会議室、次は1階のクレイモデルの三次元機械測定機があった部屋の片隅で仕事を進めていました。それから、人数や設備が増えていくと試作の作業のじゃまになるというので、5階のワンフロアをようやくもらえたというわけです。建物の隣には川があって窓から見える夕日が綺麗でしたね。ところが振り返るとそこは現実には車庫ですから、試作車保管用のガードレールがあるわ、天井はアスベストの吹きつけが見えるような有り様でした。誰かがこれではあまりにも殺風景だということで、ゴムの木の植木鉢を1本持ち込んできましてね、せめて名前だけでもしゃれたものを付けようと。そこで〝リバーサイドホテル〟と命名しました。どんな素晴らしいところかと思われるような呼び名を考えたわけです(笑)」

■ラッパを吹いて人を呼ぶリーダー

1986（昭和61）年に正式な経営会議の認証を得た後、総勢20名ほどのスタッフが現場に足を運び始めたというが、どのようにしてスタッフが〝リバーサイドホテル〟に集まってきたのか。

「私は口で仕事を進めるほうですから、オオボラ吹いてあちこち社内を歩き回っていると、〝平井が面白そうなことをやっとる〟という話が聞こえてきたんでしょうね、〝外国人が来て、何か面白そうなことを一緒にやっている〟と。しばらくすると、終業時間の夕方5時を過ぎた頃になると、仕事場を見学というか覗きにやってくる人間がいるんですよ。その辺から少しずつ社内でも認められるようになっていきましたね」

開発が進み始めれば、当然ながら様々な意見が出て影響が及んでくるはず。平井は自身がイメージしていたLWSのコンセプトをどのように守り通したのだろうか。

「LWSは重量が少ないのは当然のことですが、もうひとつ大切なことはコストも軽くなければならない。これが実現できなければ本当の意味でのLWSにはなりません。出来の悪いファミリアからエンジンを流用しましたが、モデルの基本となるべき排気量1・5リッター・エンジンはこれ以外にマツダには選択肢はなかったので、やむを得ずこのエンジンで我慢することにしました。正直なところ。このエンジンで〝乗って楽しいクルマ〟が実現

できるかどうかはなはだ心配ではありましたが、いずれにしてもエンジンのパワー以外のところで『走り』を演出しなければならないと思いました」

平井はLWSというコンセプトが希薄になることを防ぐために、たとえば営業など他部署からのさまざまな要求が出ると、どのように突っぱねたのだろうか。

「単刀直入に〝お前の意見はダメ！〟と言い切りました。もともとLWSはこういうものだと、チーム全体のコンセプトも固まっているわけですし、これでは売れないといわれても、販売台数が2倍、3倍になるというのなら受けてやるかもしれないけれど、お前の自己満足を達成するためのような要求はダメと言いましたね。販売や購買などの部門でも各部署でいろいろなひとが関わり始めると、クルマ全体としてコンセプトがぼやけてきてしまうことになりかねなかった」

さらに開発の上で配慮すべき点としては、やっかいな要素がある。自動車会社であれば、スポーツカーに対して一家言をもったスタッフは山ほどいたに違いないはずだが。

「LWSに関して、マツダの中には私よりもスポーツカーをよく知っている人間がいるわけです。そうすると『マツダがスポーツカーを作るのならこうあるべきだ』と〝ベキ論〟を振りかざす人間も出てくるわけです。そんな人物には『プロジェクトの全責任は私が取る。お前はプロジェクトから外れてくれ』と言って外れてもらったこともありましたよ」

■譲れないスポーツカーの要素

前述のMANAでは北米市場を刺激するために1980年代半ばにLWSのデザインスタディが開始されていたこともあって、ロードスターのプロジェクトには、米国側は当初から大きな期待を寄せていた。結果として、北米市場でロードスターは好意的に受け容れられ大ヒット作となったが、平井は北米市場の存在を意識していたのだろうか。

「販売台数に関しては、アメリカでは月間で3000台に対して、日本では100台か

150台ぐらいにしかならない。どうしても北米市場を基準としてみなければいけません。ひとえにマーケットの大きさですよ。アメリカ人に合ったクルマを作るかどうかという話ではなくて、北米のマーケットの規模を頭の中に置きながら開発を進めるということが非常に大切だということです」

たとえば、スポーツカーに対する感覚は、日本と北米のマーケットの違いで問題にならなかったのだろうか。そう訊くと平井は「そんなものがあるんですか」と一笑に付して、こう答えた。

「乗って楽しくするにはどうすればよいのかを第一に考えていたわけですが、北米市場では若い女性が格好良く乗れるというのが大事だと思ったんです。スポーツカーとして確固たる資質をもちながらも、それを突き詰めすぎてはいけない。ある種のマニアには喜ばれるかもしれないが、格好いい女性に受けないようなものを作ったのではどうしようもない。この種のスポーツカーにはそういう部分が必要です。ベルトライン(ドア上辺の高さ)も低くして、見栄えよく走ることができるようにデザインすることもスポーツカーを仕立てるのに欠かせない要素ですから」

現在までロードスターの基本コンセプトとして受け継がれている「人馬一体」とは、スポーツカーに相応しいドライビング・フィールを備えることであり、ロードスターの核と

なる要素だ。だが、スタイリングや価格の安さなどに加え、マーケットに対する間口の広さも必要だった。その点で、ボディサイズのコンパクトさについては問題にならなかったのだろうか。

「ボディサイズを安易に拡大すれば、ＬＷＳの基本コンセプトから離れてしまいますから、ボディのコンパクトさは譲れませんでしたね。ひとつ実例を挙げると、クレイモデル（粘土製のデザイン検討用模型）と居住性のモックアップ（デザイン検討用の部分試作模型）ができた頃に、たまたまオーストラリアの有力なディーラーの社長ふたりが広島にいらっしゃった。それを輸出部門のスタッフが聞きつけて、クレイモデルを見せてやってくれないかという連絡があって、見せるだけで言うことは訊かないぞと断ったうえで見てもらいました。そうするとスタイリングは気に入ってくれて、オーストラリアでも受けるだろうと話してくれた。次に居住性を判断するモックアップも試したいということで、デザインセンターの屋上に上げて座らせてあげました。そうすると『ひとつだけ注文がある』という。来た連中がいかにも大男だったため『室内が狭い、肩が当たる。オーストラリアで売るためには室内の幅を広げてもらいたい』と言ってきた。そこで私は『あなたの言うことはわかる。わかるけれど、残念ですがあなた方は対象ユーザーから外れている』と答えました。そうするとおかしな顔をして〝怒るかな〟と思ったけれど、しばらく黙ったあとで『あなたの言うことは正しい』と握手を求めてきましたよ。他でも、ロードスターを発売した後にオーストラリアを訪問したときに、大柄な女性のユーザーがやってきて私の乗っているクルマを見てくれと言ってきた。彼女のクルマを見てみると、シートクッションを全部省いて、アームレストを取り払い、内装トリムはペチャンコになってましたね。こちらが申し訳ないと謝ったら『これはこれでいいんです』と喜んでましたよ」

平井がロードスターを設計する上で一番大切にしたことは、軽量化およびヨー慣性モーメントを最小にして重心の近くにドライバー席を配置することだった。それと、やや軽量化には逆行するが、平井がロードスターを設計するうえで「人馬一体」を実現するために

こだわった部分はサスペンションの設計、すなわち前後ダブルウィッシュボーンの採用だ。

「前後ダブルウィッシュボーンを採用したのは、マツダではロードスターが最初でした。設計の上で完成のレベルまでには至っていなくても、後で手が加えられたら、ある程度高い性能が発揮できるような要素をもったサスペンション型式です。やせても枯れてもスポーツカーですから、細部に手を加えようと思ったら実行できるように仕立てておこうと考えたわけです。手を加えるのはお客さんがやってくださいと。こちらが基本を作っておいて、お客さんに後はお任せしますということです。マツダスピード（マツダのスペシャルモデルなどを手がける子会社）が仕事ができきるように残した部分ともいえます。最初からやればいいのにずるいと思われるかもしれませんがそうじゃない、お客様もメーカーと一緒になって自分のクルマを育てることができる。そうすれば自分のクルマに対する愛着が深まっていくということです」

■熱意がもたらしたトラブルフリー

それではロードスターに関して全体の開発はスムーズに進行したのだろうか。「あまり悩まないほうですから」と謙遜していたが、平井はこう振り返る。

「最初の頃はごく限られた人間だけで仕事をしていましたが、ある程度作業が進むと工数が必要になってきます。先に話したようにイギリスからヨーロッパ人を連れてきて、ちょっと特殊なやり方で開発を進めていて、広島近辺の部品メーカーの設計者にも手伝ってもらっていましたが、マツダのプロパーのスタッフはほとんどこのプロジェクトには関与してはいなかった。ある程度出来上がって本設計に入るという段階になると、マツダの開発部門の人間に開発の流れをうまくつなげられるか、彼らが開発チームにうまく溶け込んでバトンタッチがスムーズに行なえるかどうかを心配しましたね。いやいや仕事をしてるか、喜び勇んで仕事をしてくれているかによって、出来上がってくる物が違ってきますから。そんな引き継ぎの段階では、プロジェクトの内容がわかってくると、これは面白い、こんなクルマはマツダで今までなかったし、こういうクルマがラインに流れて欲しいというふうに、スタッフそれぞれがやる気になったと思うんです。その頃にはマツダの人間が外部のスタッフに代わって本気でやらなければという気持ちになったので、仕事はすんなりと進みましたね」

　このように、ロードスターの試作車の開発段階でもさほど苦労はなかったと語る平井だが、開発の順調な進捗はその成り立ちと関わったスタッフの熱意に起因していたという。

「やはり、ひとりひとりが燃えて仕事をしたんだと思いますよ。どのようなところに現われたかといえば、私もいくつか他のプロジェクトにも関わった経験がありましたが、一番最初に試作車をラインに流すときというのは、設計者や部品メーカーのひとたちが試作品をもってラインの側にぞろぞろ待っているんです。コンベアに載せて試作車を流す場合には、部品が合わなくなったとか具合が悪いとかでラインが止まらないようにするために、ラインの側で待っているわけです。ところが、ロードスターの場合にはひとりだけ小さな部品を持ってウロウロしている以外、他には誰もいなかった。いつもの雰囲気じゃない、これはどうしたんだと訊くと、一応部品を持ってきましたけど問題ないようですよと。トラブルなくすんなり行きましたね。これにはいろいろな理由がありますが、普通のモデルの場合には派生車種がありますが、ロードスターの場合は単純明快です、車種がひとつしかない、バリエーションはほぼゼロみたいなものでしたから」

だからこそ、それぞれのスタッフがお互いに協力しあって、ロードスターを仕上げていくことができたのだろう。「すべてに気が回るというか、自分だけでなく隣にも声を掛けながら巧く図面を精査できたことが、図に当たったではないでしょうか」

ちなみに、いまや自動車設計の分野では常識だが、マツダで初の導入となった三次元CADシステムの威力は絶大だったという。

「なぜ三次元CADシステムを導入したかというと、スタッフが絶対的に不足していたからです。開発初期では設計図面を描く人間が少なかった。それならと、設計部門の人間にCADというのがあるそうだけど、こちらの仕事を手伝ってみるかと声を掛けました。私たちはブラウン管のモニターを見ながら線を引いていくわけですが、これは役に立つということがわかって、1台から最終的に5台まで増やしました。たぶん、1台の採用で10人以上の増員の効果があったと思います。データをインプットして明くる日には図面が出来てしまう。なによりも、機械はぐずぐず文句を言わないですから(笑)。インプットを間違えれば図面は狂いますが、それはインプットしたひとが悪いわけですから。少人数で仕事の効率が上げられたのは大きいですね」

いっぽうで、ロードスターの開発で重視されたコストの面で、もっとも気を遣ったのはどんな要素だったのだろうか。

「ＬＷＳだから部品の数を少なくというわけにはいきません。専用部分を極力少なくするために、量産部品に少しだけ手を加えるなどの智恵が必要でした。ＬＷＳだからコンセプトに合わせた新しいトランスミッションを提案されたことがありました。駆動系設計のスタッフからコスト／重量に合ったトランスミッションを……と提案されたのですが、私は断りました。私の経験上、一発では開発できないことはわかっていたので、少し高価ですが上級車種である当時のルーチェ用を流用することにしました」

「コスト面では私はかなり厳しかった。ちょっとでも高くつく設計をしたら『おい、なにしとる』と声を掛けてまわり、コストは徹底的に抑えました。おかげで収益性の面では非常に良く、マツダはかなり儲かったと思いますよ。ロードスターの1台あたりの利益は高かった。きちんと会社の掲げた収益目標を達成したうえに、正価販売などプラスアルファの部分を随分生み出したと思います」

■「自分が欲しかっただけ」

ロードスターが誕生した1989(平成元)年といえば、他の自動車メーカーからも評価の高いモデルが数多く登場した。バブル時代の恩恵を受けたといえるこの時期にロードス

19-90

ターを生みだせたことを、平井はどう捉えているのだろうか。

「時期がよかったことは感じますね。もう少し景気が悪くて厳しい時期だったら、社内からいろいろな横やりは入ったでしょう。フタを開けてみると重量対策もうまくいったし、コスト面、採算性の対策もスムーズに進みましたね。営業側も開発初期の時点からしょっちゅう現場に来てましたから。いろいろなヒトが我々のところに出入りしていましたが、私もこちらに来ればタダでは帰しませんから、会話のなかでチラっと問題を見つけては、そこから聞き出したアイデアを採用すると、そのひとも喜んでまたやって来るわけです」

では、なぜ世界各国でロードスターは高い評価が得られたのだろう。「ロードスターは名車じゃないですよ」と氏は謙遜するが、その後、2007年にはギネスブックに載るような生産台数(80万台)を達成していることは周知の事実。時代を先取りしたモデルであったことは間違いなく、その後には、数多くのメーカーがロードスターに追従するオープン2シーター・モデルを送り出すことになった。その成功の理由とはなんだろう? 平井の答えは単純明快だった。

「その時には我々のロードスター以外、LWSが他に存在しなかったからですよ。ロードスターを開発しようとする前に他社からのLWSが存在していたら、おそらく手を出さなかったでしょう。当時として他に類がないからやりたかったわけです。すでにあればそれを買えばよかった。乗りたいクルマがなくて、私自身がＬＷＳを作りたかった。欧州にはロータスなどがあったかもしれないけれど、私はマツダの社員でしたから、自分で乗りたいクルマを作りたかった。ある自動車雑誌に〝１９６０年代のスポーツカーを再現してほしい、誰かこういう楽しいクルマを作ってくれないか〟という記事を見たこともきっかけのひとつでしたね。スポーツカーが好きで自動車会社に入ってくる人間は山ほどいるでしょうが、マツダには手を挙げるものはいなかった。だったらオレが作ってやろうと。マツダ独自の斬新なモデルにしようなんて大それたことは考えていませんでしたよ。とにかく、自分の財布の範囲内で自分が買えて楽しいクルマが欲しかっただけ。人がやってくれないのだったら俺がやってやるということです」

■モノづくりの感覚

スポーツカーといえども思いいれや熱意だけではよい商品を創り上げることは難しい。開発全体を冷静にコントロールできなければならないと平井は話す。

「ようは、ひとりですべての作業はできないということです。多くの人々の助けを借りながら実行する、なおかつ、それぞれがいいものを作ってやろうと、意気に燃えて作ろうとすることが大切です」

他方、理解のある銀行出身の専務がいなかったらこのクルマは出来なかったとも平井は語る。

「この会社は真面目で、そんな遊びのクルマを作らせるような会社じゃなかった。許可を得たとしても真面目な人たちが多かったから、こういうクルマは出来なかったでしょう。何もかも真面目で通そうとしすぎてはいけないんです」

「あのプロジェクトを引き受けるに当たって家内に引導を渡したんですよ。『オレは今から会社の中でオレの最後の仕事をするつもりだ。うまくいくかもしれないし、失敗するかもしれない。それを覚悟してくれ』と話をすると、しばらく経って家内が『お父さん、やりたいんだったらええよ』と言ってくれました。それでこのプロジェクトは最初から最後まで自分でやり通しますということを社内で表明しました。後で家内に聞くとその当時は子供の成長していく年齢を数えていたようです。大失敗しても辞めさせられた例は聞いたことがなかったので、まあ、倉庫係になったりするかもしれないとは覚悟しましたけれど(笑)」

「どんなことにも通じるのは、新しいものを作る時は必ず勇気が要るんですね。引っ込み思案であってはいけない。勇猛果敢に信念をもってやることが必要だと思うんです。最近はそういう人間が日本の教育制度の中で出にくくなっているような気がするんですけど。信念をもって仕事をする、本当にこれしかないというものを信念をもって思い描ける人物が必要で、でなければ日本のモノづくりは疲弊してくるはずです。平井さんとモノづくりの話をしているとよく昔の話が出てくるから面白くないと言われたことがありますが、先人の知恵というものは大切にしなければならない。そういう教育を受けたことがなく、そんな話を嫌がるひとがたくさんいる。私が人間の基本を支える部分を誰から習ったかといえばお袋でしたね。そういうものの考え方をたたき込んでくれた。モノづくりでの具体例は別にして、エチケットとか道徳とか礼儀という生き方の面で教えられましたね。それが仕事に役に立った、最後には人間性の問題になるんですね」

平井敏彦（ひらい としひこ）
1935（昭和10）年、山口県生まれ、1961（昭和36）年に東洋工業株式会社に入社、設計部機構造形課設計基礎技術部門に配属、1986（昭和61）年にユーノス・ロードスターの開発主査に就任。その後軽自動車スポーツカーであるオートザムAZ-1の主査を務めた後、1990（平成2）年にマツダ株式会社を退社。同年大分大学工学部で講師に就任、1996（平成8）年に退官。

車名	ユーノス・ロードスター
エンジン	
型式名	B6-ZE〔RS〕
形式	水冷直列4気筒 DOHC16バルブ 縦置きRWD
排気量	1597cc
最高出力、最大トルク	120ps／6500rpm、14.0mkg／5500rpm
変速機	5段MT
シャシー・ボディ	
構造形式	モノコック 2ドア・オープン
サスペンション(前／後)	ダブルウィッシュボーン／ダブルウィッシュボーン
ブレーキ(前／後)	ベンチレーテッド・ディスク／ディスク
タイヤ(前／後)	185/60R14／185/60R14
寸法・重量	
全長×全幅×全高	3970×1675×1235mm
ホイールベース	2265mm
車両重量	940kg
乗車定員	2名
燃料タンク容量	45リッター 無鉛レギュラー
価格	170万円

横浜530
に 19-90

Roadster

横浜530
に 19-90

横浜530
に 19-90

横浜530
に19-90

横浜530

SUBARU LEGACY

レガシィを生み出した哲学者

桂田 勝

スバル レガシィ(3代目)商品主管

聞き手:編集部

いまやレガシィといえば、ひとつのブランドとして存在し、人気輸入車に負けないほど根強いファンを抱える稀有な日本車である。スバルならではのモノづくりの姿勢がレガシィをレガシィたらしめる最大の理由なのだろうが、スバル車の中でレガシィの存在感は際だっている。そんなレガシィの支持者から「レガシィの父」として敬愛されている人物がいる。レガシィを生み出し、その礎を築き上げた技術者、それが桂田 勝だ。

■「人間臭い仕事に関わりたい」

1966(昭和41)年に東京大学工学部航空学科を卒業した桂田は、ごく自然の成り行きで富士重工業に入社する。軽飛行機の機体設計を卒業設計に採り上げたと聞けば当然飛行機部門にというのがこれまた自然の流れだが、桂田が希望したのは自動車部門だった。

「当時の人事部長と面接したときに、たぶん飛行機をやりたいと言えば希望通りになれたと思いますが、私は、仕事をするなら、世間一般により近く、そして人間臭い仕事に関わりたいという思いがあったので、飛行機よりクルマを選びました」

こうして桂田のスバルでの人生がスタート、車体技術第一部第一設計課に配属された。当時の技術本部は、スバル360やこの年に発表されたスバル1000を生み出したことで知られる名エンジニアである百瀬晋六に率いられていた。

桂田が入社した当時、スバルのクルマを造る部署である技術本部は設計と実験など全体で500人にも足らず、その数は、他社と比べても相当少ない人数でクルマを造っていた。桂田の入社前までのスバルは、スバル360など軽自動車とスクーターのみを扱っていたが、氏が入社した時期には、1000ccの水平対向アルミ4気筒エンジンを核とする、日本での小型量産車初となる前輪駆動方式を採用した「スバル1000」が加わった。このラインナップを少人数で造ることは、並大抵のことではない。ひとりにかかる仕事量は膨大となり、負荷が続けば疲労も積み重なり、ひいては業務に支障をきたしかねない。しかし、この当時のスバルのクルマ造りは、〝乾坤一擲〟だったと桂田は語る。少人数を強みと捉えて、全員で1台1台丁寧に思いをこめて全力投球で造っていたという。

入社から1年半後に、桂田は将来に向けた技術を研究開発する部署である車体技術第一部計画課に異動、車両技術の理論解析を専門とする業務についた。1971(昭和46)年には米国ミシガン大学に客員研究員として招かれ、操縦安定性の理論や衝突時乗員挙動を研究したのち、約1年後に帰国。車体技術第一部開発課(旧計画課)に配属され、大型コンピューターによるCAD・CAMの設計部門への導入や、操縦安定性や車体の構造解析など、入社以来15年近く車両開発をバックアップする先行開発的な仕事に従事した。

そして1983(昭和58)年、桂田は車体研究実験部に籍を移す。スバルは当時、3代目レオーネを発表する直前であり、後継車種となる初代レガシィの開発が始まろうとしていた。

「実験部門に移った当時も理論解析の経験が染みついていて、実際に物を作ってみて理論通りにできあがるのが嬉しかった。理論解析を通して、メカニズムを理解する。そういう設計のスタンスは、百瀬さんの頃から基本的に変わっていませんでした。過去を振り返ると、技術先行型なのは360／1000でも同じでした。水平対向エンジンや前輪駆動をはじめとするスバルの技術は、1960年代のいわゆる〝自動車技術の黎明期〟に育ったものです。技術としてはなんでもありの時代。ラジアルタイヤやブレーキのクロス配管などもそうですし、たぶんエンジニアとしては最高に面白かった時代と思います」

1960年代から1980年代は高度成長期の右肩上がりの時期で、作ればなんでも売れた時代だった。スバルは他のメーカーが真似できない技術をもった集団だったゆえに技術の造り込みは進んだが、技術者としては、自分の開発した技術が採り入れられればいいという感覚が強かったともいえる。

「百瀬さん以来の長年に亘って独自の技術を磨き、それを踏襲し続けていればスバルらしさをキープできました。しかし、あくまで各論の技術を磨いたのであって、全体としてどんなクルマを作るのかという思いについての議論不足は否めませんでした」

■設計部門中心のクルマ造り

そんな技術主導主義に対して、桂田が移った実験部門のスタッフは悶々としていたという。当時の机上で図面を描きクルマを設計する設計部門中心の開発に対して違和感を感じていたのは、桂田も同じだった。

「当時、開発全体を仕切っていた技術本部の中で、社内で最もお客さまに近い気持ちでクルマを捉え、理解しているといえるのは実験部門でした。彼らは毎日毎日クルマに乗って走らせているのに対して、設計者が実車に乗る機会はそう多くはありません。図面を描いたり、重量を計算したりはしていますが、どういうクルマを造りたいのか、走りとはどういうものなのか、走らせてどうなるかといった感覚の部分を実験部門より理解していたひとはあまりいませんでした。にもかかわらず、開発は設計部門中心で、実験部門はあまり参加することなく試作車が造られ、あとは実験部門がその車を使い他車と比較しながら、走行実験などのテストを行なって完成していました」

商品企画部門は存在したが、車体設計部門のほうが中心的存在だった。というのは最終的にすべての部品を車体に組み付けることを最重要としたからだ。

「縦割り組織だから車体設計部門に別々に部品の図面が集まってきます。そこで1枚の車体の図面にまとめていきます。それぞれがよいモノを造りたいと考えてはいても、各部署に横糸を通して、クルマ全体を見るとりまとめ役がいなかったわけです」

車体設計は試作部や外注で試作車を作るまでが仕事、実験部門はそこから仕事が始まる。あくまで設計部門が車両開発の中心だった。

「それまでの作れば売れる時代では、そんなやり方でも他社に負けない程度のクルマは造れました。技術本部は様々な面で他車との〝重ね書き〟の手法を採って開発を進めていました。他社のクルマと比較しながら長所を採り入れて、短所を改良して仕上げていけば、他社に負けないクルマが造れます。ある意味で時代に合った効率の良い手法であったとは思います」

そういった開発手法を用いれば、少なくとも常識的な製品は出来たわけだが、そこには問題も存在した。

「このような欠点をつぶしていく開発手法では、当然実験部門は悶々とするわけです。効率化が蔓延しすぎて当時のスバルではクルマに対する思いが揉まれておらず、発達していませんでした。正直に言えば、技術者は多かったけれど熱っぽく自動車を語る〝クルマ屋〟の臭いはしなかったのです」

■最後のレオーネと初代レガシィの違い

桂田に言わせれば、スバルではレガシィより前の時代は、黎明期からの延長線上にあった設計中心の縦割り組織によるクルマ造りが続いていたということになる。

「この頃、大げさな表現をすれば、〝スバルの中で走りの気持ち良さとはなんだ〟といった話は、個人レベルではあったかもしれませんが、全社的にはあまり起こりませんでした。また、市場の感覚に一番近い実験部隊には、クルマ造りに対しての意見を述べる場がありませんでした。これでは、みなさんに喜んでもらえるクルマはできない。そこで可能な限り、実験部隊の人たちのクルマに対する思いが強く表われるような方法でクルマを造りたいと思い取り組みました。これが、一番の変革です」

「1983(昭和58)年に私は実験部の主査となりました。それは実験部門の中で車種ごとに総合性能をまとめるひとを置いた組織がつくられ、その初代責任者となるためでした。

これが、スバルが横糸を通す組織づくりに取り組んだ第一歩になります。実験部門内で私の下に小型車系、軽自動車系で係長クラスの担当者がひとりずつ置かれて、私が彼らをとめました。結果として、商品企画本部にひとり、実験部門の私の下にひとり、朝から晩までひとつの車種のことだけを考える人間ができた。これまで意見を聞いてもらえなかった者が、車種を任され、実験部門の代表として開発会議に参加して意見を言える、言い換えれば、自分たちの造りたいクルマを造ることができる機会を与えられたわけです。担当者としての責任感の重さも感じたと思います。彼らは、ひたすら担当車種のことだけを考え抜きました。これによって、私が願っていた理想のクルマ造りに近づくことができるようになったわけです。ちなみに全社的に横糸を通す方式になったのは、その4年ほど後の1987(昭和62)年頃、初代レガシィ発売の少し前です。すなわち、商品企画本部内に車種ごとに担当部長を置き、さらに、デザイン、購買、生産、営業などの各部門の代表が同じチーム員として、コミュニケーションを取りながら開発していくという、現在のプロジェクトチーム(PT)方式になりました」

この組織体制になり、桂田はそれぞれの担当者を突っつきながらも、どんなクルマにすればよいかを彼らに自由に考えてもらったという。その結果、初代レガシィに関して、どの部署よりも早いタイミングで実験部門によるコンセプトが出来上がっていた。全社的にはコンセプトについての検討開始もしていなかった時期に、実験部門ではスバルのDNA、すなわち「スバルのクルマはどうあるべきか」について深く議論し、〃レオーネの次のクルマは走りを徹底的に磨こう〃という実験部門版ともいうべき「開発の軸」が決まっていたのである。それが初代レガシィの〃走りの愉しさ〃を掲げた『ドライバーズセダン』というコンセプトになり、クルマを体感で知っている実験部門の人たちの思いが製品に採り入れられた第1号になった。これは、スバルの歴史上初めてだったと桂田は指摘する。

「このように造り方と考え方を変えたことで、スバルのクルマがレガシィから大きく変わりました。実験部門では初代レガシィの検討を通常のペースより早めの2年ぐらい前に始めて、意見をまとめていました。初代レガシィは、目新しい技術があったわけではありませんでしたが、スバル独自の水平対向エンジンや四輪駆動、ワゴンなどの基本の技術は、これまで開発されたクルマを通し充分磨き込んでありました。そしてレオーネまでの〃技術のための技術〃が、レガシィから〃クルマのための技術〃になったのです」

この初代レガシィに取り組む実験部門の意気込みは、のちに設計部門や他部署にも伝わっていた。

「初代レガシィ以前の開発の中心が設計部門だった頃、実は設計部門のスタッフも、自分たちが中心で造ったクルマが世間で高く評価されていないことがとても気になっていまし

た。そもそも〝良いクルマを造りたい〟という思いは、設計部門も実験部門も変わりはありません。そして、初代レガシィの一件をきっかけに設計と実験が集まり、一緒にメルセデスやBMWなどの他車に乗って、スバル車について討論するなど、両部門が手を取り合って共同して考えるようになっていきました。つまり、走りに関して〝どこにも負けないクルマを造りたい〟というイメージが全社的に共有されるようになったわけです。要はそういう指針を表現できたことで、開発の方向性が明確になりました。部門それぞれがベストと思う意見を主張するだけでは、全社的に気持ちがひとつにはなり得ません」

こうして、実験部門で端を発した横糸を通す組織体制造りは、初代レガシィが発売された時点では、設計や生産、営業など多くの部門で担当部長制度という全社的に横糸を通す組織体制が機能し始め、初代レガシィのコンセプトが社内全体で理解されていった。

■個人の力とチームワーク

それでは、初代レガシィにおいて、〝走り〟のレベルアップでカギとなったのはどのような要素だったのだろうか。

「レガシィの〝走り〟をどこにも負けないレベルにするために、まず強いエンジンとそれに負けない足回り、そしてドライバーズカーにふさわしいドライバーまわりの人間工学を徹底的に鍛えました。特に〝走りの質〟は、サスペンションで決まると言っても過言ではありません。言い換えれば、サスペンションを良くすれば、走りも良くなるということになります。スバルがどこにも負けない走りを実現するために必要なことは、社内状況やクルマのレベルを考えると、大きくふたつあると考えました。ひとつは、志の高さ。もうひとつは、個人の力に委ねることです」

「志の高さについて、私が仲間と取り組んだことは、〝クラストップのデータ〟を目指すことです。それは、サスペンションの基本となる代表的な4項目(ストローク、遠心力に耐える横剛性、摩擦力、ジオメトリーの変化)の図面上のデータを、とにかく世界一のレベルにする。設計段階から妥協してはいけない。コストなど現実的に難しい点が出てくれば、それは実際に造り込んでいく中で全力で解決していく。とにかくベースとなる部分を世界一にしておくことこそ重要だと考えました。結果はほぼ計画通りでした。ただ、データだけでは机上の論理でしかありません。次にやるべきことは、どこまで実車の走りを良くすることができるか、ということです。〝データを感じて表現する〟能力が必要になります。走りを決めるセッティング方法は、タイヤ、ホイール、サスペンションの取り付け位置・剛性・ブッシュ特性……で何万通りもの組み合わせがあります。実際のクルマでどうやって最適の組み合わせを早く見つけ出すかがすべて。〝クルマを少し走らせては見直す〟手法を繰り返し行い、一歩ずつ理想の走りに近づけていきます。これこそがクルマ造りの本当の勝負です」

そこで桂田は、それまで走りの造り込みを組織で仕上げていたものを、実験部隊の一個人に任せることにした。

「造り込みに合議制は必要ないと思っています。設計上ベストで造ったものを実験部隊が煮詰めていく。そして、お客様に渡すときにバランスよく造り込むことをどこまで深く実施できたかが勝負です。テスターの評価能力以上のクルマは絶対に出来上がりませんし、評価する場所のレベルを超えたクルマは出来ません。そこで私は、スバルでトップレベル

のテスターを使いました。システムで作る大企業にスバルが勝てるのは、個人の勝負にすることだと考えました。そして選んだのが、初代レガシィでは操縦安定性評価のグループに所属していた辰巳英治（現スバルテクニカインターナショナル・車両実験総括部部長）です。３代目は同じ職場の渋谷 真（富士重工業・車両研究実験部課長）です。ふたりとも全日本ダートトラック選手権（註：悪路での走行タイムを競うモータースポーツ）などに参加していて走りは一流ですし、理論も詳しい。ボディの補強材が必要なら、自分で造ってテストを進める。そして何よりも、皆で考えたレガシィの走りの方向性をキチンと熟知して共有している。私はふたりを信頼し、レガシィの走りを委ねたのです。そして、当時スバルだけでしたが、彼らの個人名を敢えて公表しました。データを世界一にして、１人対１人の勝負に持ち込めば大手メーカーにも勝てると考え、

取り組みました。また、評価する場所以上のクルマはできないと考え、テストコースではデータ収集に止め、ドイツの一般道やアウトバーン、スイスの高地、北極圏の氷上、アメリカの一般道・フリーウェイ、オーストラリアで、テスターが納得するまで走りを磨きました」

しかしいっぽうで、桂田は「縁の下の力持ちはもっと重要」と強調する。

「基本的に個人プレーはいけないと思いますが、ただし、メディアなど対外的には、レガシィが高い評価を得るための宣伝のために辰巳が作ったと言わざるをえなかった。いっぽうで、同じ部署の人たちが彼をどう思っているのか心配していましたが、社内から批判は出ませんでした。大学時代に親しんだアメリカンフットボールでもそうですが、チームで事を進めるにはあらゆる人の心のケアが重要です。大切なのはチームプレーなんです」

■「レガシィはもっとレガシィになる」

初代レガシィのとき作られたこの横糸を通す小さな組織は、軽自動車からアルシオーネSVXまでのスバルの全車種に横糸を通すべく、車種ごとに責任者を置き、技術本部研究実験総括部という大きな組織になっていた。そして桂田は2代目レガシィでは、その部長として、実験部隊の様々な案件に関して決定を下していた。

「私の役割は部長として、車種ごとに置かれた横糸を通す責任者を束ねる立場でした。レガシィの2代目に関していえば、各論は主査がまとめ、ツインターボ・エンジンを採用するか否かといった大きな実験部門の判断は私が下していました。2代目は、基本的にコンセプトや仕事の進め方などは初代を踏襲していました」

そして商品企画本部に異動し、ついに開発責任者たる商品主管となった3代目でも、氏の仕事ぶりは変わらず、初代レガシィと同じコンセプトをさらに推し進めた。

「私は息が長いんですよ。『もう走りはいいんじゃないの』と言う人もありましたけれど、ブランドというものは短期間ではできません。メルセデスやBMWのように、同じことを30年、40年と続けてこそ生まれ育つものです。『レガシィを極める』というのをテーマに掲げましたが、重要なのはコンセプトが微動だにしないこと、走りをテーマにしたら長く取り組み続ける必要があるのではないか。それでようやくスタートラインに立てるかどうかだと感じるべきと思います」

また、「技術者に必要なのは日本一、世界一を目指すような志の高さ、それをやり抜く力だ」と桂田は言う。

「とにかく考え抜くこと。志を高くもって、目標ができたら考え抜くことです。あるインタビューで〝主管とはどういう仕事ですか〟と聞かれた時に、『クルマという子どもを本当に良くしたいなら、考えに考え抜いて、哲学まで昇華させることです』と答えたことがありますし、心からそう思います」

初代、2代目、3代目と立場は変わっても、桂田のクルマ造りに関する考え方やスタンスはまったく変わっておらず、開発に関わっている間は常に同じことを言い続けていたといえる。別の言い方をすれば、周囲は常に桂田に引き込まれ続けていたともいえる。

「立場が変わっても、周囲の人が私の言うことによく耳を傾けてもらえました。私がレガシィに関わった部分は初代から4代目のスタイリングまでです。その90年代の10年間、私の関与したスバル車の基本はすべて同じつもりです。どのクルマも私の造りたかった方向で車を造らせていただけたことを心から感謝しています」

■スバルはスバルらしくこだわりを

桂田が関わった初代レガシィの開発に始まった10年は、クルマのブランドを構築するために、少し尖がってもよいから何かとこだわったクルマ造りをした時期といえる。たとえば、一時期、日本の自動車メーカーで4輪操舵の採用が流行し、レガシィにも採用しようという意見が出てきたことがあったが、桂田は頑として拒否したという。

「それまで努力して世界一のサスペンションを目指して開発したわけですが、それをまだ作り込めてもいない段階で、新しい技術を手がけたくて、4輪操舵の採用案が出てきました。でも、本当に世界一の走りを造るには、そういうものは要らないと思いました。そういうものなしで世界一のものを造れるのに、どうして安易に新しいものに手を出そうとするのか。それに期待すると、基本部分の研究が甘くなります。後付のものではなく、サスペンションの素の能力だけで本物を造りたい。だから絶対やらないと、頑として受け付けませんでした。既存の技術を熟成させることで、機械を操作するという人間とクルマの間にある、なんともいえない感覚を大切にしたかったのです」

「また3代目レガシィの社内説明会で、世界でレガシィをすべて4輪駆動(AWD)にする予定ですと説明したところ、営業部門を中心に多くのひとからFWDを残してくれと言われました。しかし、私は〝4輪駆動は、レガシィの走りの中心〟と考え、コンセプトのうえから必要と思っていました。最終的には理解を得て、結局すべてのモデルが4輪駆動となりました。また、営業部門から、〝カーゴスペースの広い3ナンバーにしてくれ〟という要求もあったときも、5ナンバーサイズにこだわりました。他社の3ナンバーワゴンより荷室を広くするため、リアサスペンションをリアフロアの下に収めるようにマルチリンクを新たに採用し、あわせて一級の走りをさらに磨き込みました。シャシー設計部のスタッフはサスペンションの高さを抑えようといろいろ工夫してくれました。最終的には、他社の3ナンバーサイズワゴンを越えたワゴンを造ることができたと思っています」

■威張らない企業風土

「いつも私の意見を周囲が皆スッと聞いてくれました。なぜ受け容れられたのか不思議なくらいです」と桂田は自身の仕事を振り返るが、スバルの企業規模も関係していると指摘する。すなわち、スバルの強みは目標ができると強いことだという。

「組織の規模が小さいだけに、パッと仕事が進みます。スバルが弱いときは、方向性が見えないときです。方向性が見えれば他社に負けません。反対に組織の規模が大きい会社は、人数が多いぶん仕事がシステム的にならざるをえない。組織が小さいほど、ひとりでも正しい意見があれば、会社が正しく進んで上手く仕事ができます。スバルにとっては、それが最も効率的で一番早いと思います」

また、スバルの企業風土のよさについて「立場を盾にしないところ」と氏は言う。

「スバルは百瀬さんの時代からそうですが、トップが威張らない。たとえば、私が入社2～3年の時、百瀬さんが帝国大学時代の教科書を持ってきていきなり私のそばにドンと座り、『この熱方程式を使えないかな』と、雲の上の人が新入社員に相談する。当時の私には衝撃的な出来事でした。また、ある時は、商品に関して当時の社長と意見が合わないことがありました。そんなときに、以前上司から『3代目レガシィに関しては、主管というクルマの心臓部の桂田君の言葉は、社長の言葉より重い』と言われた言葉を思い出し、結局私の考えを通させていただきました。そういう企業風土なんです。良いクルマを作るのに上も下もない、同じ土俵で語り合う、それが皆の脳を活性化させる第一の条件だと思っていますし、何より大切にしてきたことです」

■強いチームとは?

その後、桂田が2001～2007年にレガシィとインプレッサで戦ったWRC(世界ラリー選手権)のラリーチームのマネージメントとクルマ造りとの共通項はあったのだろうか。そこにも桂田らしい〝哲学〟が存在する。

「私は、物事を深いところまでひたすら考える性格です。物事を考え抜くと、どんどん哲学的になっていく。いくつか段階があって、より深い部分の話が重要で、表面的なことにはあまり意味がない。最後は共通なものに行き着く。〝不易〟と言われる本質的な深い部分の話がしたい。まず、イメージが出て来て、理想の形が現われ、それに対して一目散に向かっていく。表層的な部分が除かれ、一歩深いところまで討論して、共通な部分まで辿り着き、さらに討論するという考え方です。スバルの場合、追い求めるものは〝走り〟という本質の共通点に辿り着いているから、そこへとどんどん向かっていく。目的や方向を皆が共有することが大事であって、トップがそういう場を作れるかということが重要です」

「WRCでも10ヵ国ほどから集まった人間、中には英語を話せない人もいましたが、クルマ造りに比べれば簡単です。勝てばいいという結果がすべて。勝つという目的がはっきりしているから、あとは適材適所にスタッフを配置する。勝つことが目的のチームの在り方は単純です。最後のシーズンでは、各人の能力を合計すると、限界を攻め勝つクルマを作る能力が足りなかったから勝てなかった。主な活動を任せたプロドライブはイギリスのチームだったから、私が内側に入り込めなかった。ベースとなるクルマと資金は与えていたが、組織自体には手を出せなかった。本気になって任せるというのは難しいものです。スバルが手伝ったほうがいいなどと言われても、チームの不信感が生まれてはいけない。結局はチームの力が弱かったということでしょう」

それでは、強いチーム、よいものを作れるチームとはどんなものなのか。

「まずはチームにとって目指すものは何か、という定義をはっきりさせること。それがいくつか出てくると、きちんと明確にしてコンセプトを決定する。そこには高い志、日本一、世界一といった目標が必要で、それがあれば高いモチベーションで仕事ができる。心がひとつになる。あとはチームワーク、そしてやり方を考え抜く、朝から晩まで考え抜くような精神力が必要です。私自身は精神力を使った覚えはないですけれど、夢にはよく出てきましたね。苦労したという感覚はまったくありません。他の人の意見をしっかりと聞けば、みんな思いは同じで、表層の意見が違うだけだとわかる。説得じゃなくて、気持ちを一所懸命伝えて、高い意識を周囲と共有したいといつも思っていました」

■ブランドイメージを育てる方法

「スバルで、私が90年代の10年間やってきたことは『安心感のある気持ちの良い走り』のブランドイメージを構築するということです。現在でもまだ60〜70％のレベルだと思っています。だんだんとクルマを良くしていきながら、企業としてブランドイメージを統一するのがいい。インプレッサはスポーティセダン、レガシィはグランドツーリング。質は違うけれど当時のＳＶＸや軽自動車のヴィヴィオも含めて、ブランドイメージを10年間

『走り』で統一したつもりです。見た目の変化や車体の大きさの変化は時代によってあるでしょうが、ブランドイメージを変えようとしてはいけない。ハイブリッドであろうと電気自動車であろうと、パワープラントが変わっても個人的な使い方をしようとするならば、やはり『走ってナンボ』がスバルの基本。他社は燃費が重要とか言いますが、同じことをやらないで『走り』は残さなければならない。いいものをキープし続けるクルマ造りに加えて、車種すべてに統一されたブランドイメージを与えなければならないのです」

「レガシィも3代目でようやく道半ば、そう簡単に歴史を変えるべきではないと考えていました。スバルはスバルらしく進んでいいじゃないでしょうか」と桂田は話す。

「私には万有引力の法則をイメージした考えがあって、たとえば、自動車メーカーが散在する宇宙では大きな会社があると、何もしないと小さいスバルは万有引力に引っ張られて、最後は飲み込まれて存在しなくなってしまう。そこで内部から反力を生み出す、つまり、大企業の反対をやろうと。反発する力を内部に持たないと、万有引力に逆らう力を生み出せない。また、大メーカーのモデル・ラインナップにはヒエラルキーがあって、1番目を2番目は超えられない。大企業はラインの稼働率、生産台数が重要だからです。スバルはモデルに上下関係を作らず、それぞれを世界一にすればいい。私はそんなイメージで開発を進めました。その先に、小さいながら燦然と輝くスバルがイメージできたからです」

「組織の中での立場からものを言われるのは大嫌い」と語る桂田を、「桂田さんと私たちは、まるで〝先生と生徒〟なんです。深く考えているからこそ、言葉のひとつひとつにとても重みがありますし、私たちの話を真正面から向き合って話を聞いてくれる。理想の人格者です」と取材に同行してくれた広報のK女史は評する。

桂田にとってはなにげないセリフでも、周囲の人々はその言葉に強く影響を受ける。そして、それぞれのスタッフが良いものを作る喜びを共有し、適材適所で働けるようにするという、核の部分は決してブレないことが、桂田がもつ「求心力」の源と言えるだろう。

桂田 勝（かつらだ・まさる）
1942（昭和17）年、東京都生まれ。1966（昭和41）年東京大学工学部航空学科卒。同年富士重工業株式会社入社。2001（平成13）年に、常務執行役員兼技術研究所所長を経て、同年10月にスバルテクニカインターナショナル株式会社社長に就任、2007年に退任。初代レガシィから開発に参加、1998年（平成10）年発売の3代目レガシィにおいて開発責任者の商品主管を務める。

車名	スバル レガシィ セダン(1.8Ti)	←(2.0ターボRS)	ツーリングワゴン(2.0VZ)
エンジン			
型式名	EJ18	EJ20(ターボ)	EJ20
形式	水冷水平対向4気筒 SOHC16バルブ 縦置きRWD	←DOHC16バルブ+ターボ+インタークーラー 縦置き 4WD	←DOHC16バルブ 縦置き4WD
排気量	1820cc	1994cc	←
最高出力、最大トルク	110ps/6000rpm、15.2mkg/3200rpm	220ps/6400rpm、27.5mkg/4000rpm	150ps/6800rpm、17.5mkg/5200rpm
変速機	5段MT/4段AT		
シャシー・ボディ			
構造形式	モノコック 4ドア・セダン	←	← 4ドア+テールゲート
サスペンション(前/後)	ストラット/ストラット		
ブレーキ(前/後)	ベンチレーテッド・ディスク/リーディングトレーリング・ドラム	←/ベンチレーテッド・ディスク	ベンチレーテッド・ディスク/ディスク
タイヤ(前/後)	175/70R14	205/60R15	185/65R14
寸法・重量			
全長×全幅×全高	4510×1690×1385mm	4510×1690×1395mm	4600×1690×1500mm
ホイールベース	2580mm	←	←
車両重量	1090kg (4AT:1140kg)	1290kg	1310kg (4AT:1350kg)
乗車定員	5名	←	←
燃料タンク容量	60リッター 無鉛レギュラー	← 無鉛プレミアム	← 無鉛レギュラー
価格(4AT)	153.5万円	249.5万円	233.2(243.7)万円

註:価格は東京地区

LEGACY

SUBARU
555
SUBARU
MICHELIN

SUBARU
LEGACY
MICHELIN

LEGACY
U.S. Salt Lake Challenge
BRIDGESTONE
SUBARU

LEGACY

SUBARU
4864

HONDA BALLADE SPORTS CR-X

独創こそ前進のいしずえ

三好建臣

ホンダ バラードスポーツ CR-X ラージ・プロジェクト・リーダー

聞き手:生方 聡

〝FFライトウェイトスポーツ〟を謳い文句に、斬新なスタイリングと数々の新機構で1980年代を過ごした若者の心を鷲づかみにしたホンダのコンパクトスポーツがバラードスポーツCR－Xだ。紆余曲折を経て市販化に辿り着いたこの名車を、その前身の時代から見守ってきた三好建臣に、開発プロジェクトの醍醐味を聞いた。

■若者を魅了した先進性

1983（昭和58）年は、クルマ好きの若者にとってまさにヴィンティッジイヤーだった。〝ハチロク〟として知られるFRスポーツのトヨタ・カローラ・レビン／スプリンター・トレノ、そして、FFライトウェイトスポーツを謳うバラードスポーツCR－X（以下、CR－X）がデビューしたからだ。

かくいう私も、これらスポーツモデルに胸を熱くしたひとりで、免許を取ったらこんなクルマに乗りたいとディーラーに足を運び、手に入れたカタログを穴が空くほど眺めたことを思い出した。結局、親元離れた学生の身分には新車など高嶺の花で、残念ながら夢は叶わなかったけれど、懐かしい名前を耳にすると、いまだに当時の記憶が蘇ってくる。

個人的にはCR－X贔屓の私だが、いまほどクルマに詳しくはなかった私がCR－Xに心を奪われたのは、そこにファッショナブルなスタイルや、先進性の匂いがあったからだろう。

そんなＣＲ－Ｘを再確認するために、発売当時にホンダが発行した広報資料をいまあらためて読み返してみると、ＦＦライトウェイトスポーツとしてのＣＲ－Ｘに加えて、その斬新さや先進性を強調していることに気づく。

たとえば、

「ホンダは、個性化時代をリードするヤング・アット・ハートの人たちに応えるべく、省資源・省エネルギーの時代背景を踏まえながら、まったく新しい観点から新時代のクルマづくりをめざしました」

また、

「設計の段階から、素材、製造手法・手段にいたるまで、将来あるべき、ひとつの姿を追求」

「ここにあるのは、卓越した走りと、極度にシェイプアップされたスタイリングに裏づけられた、駆る歓び」

などと、何か大きな意思を持って、このクルマが開発されたと思わせるフレーズに出逢う。その意思とは何だろう？

そもそも、〝ワンダーシビック〟と呼ばれる3代目シビックの一員として誕生したＣＲ－Ｘが、他のモデルとは一線を画するクルマであったことも、私にとっては大きな謎であった。その疑問を、CR－Xの開発責任者を務めた三好建臣に問いかけたところ、意外な答えが返ってきた。

■フェルディナント・ポルシェに心酔した少年時代

1965(昭和40)年、大学卒業とともにホンダに入社した三好は、小さい頃からメカ好き、クルマ好きの男の子だった。クルマとの出会いは小学3年生のとき。当時、三好家にクルマはなく、三好少年の興味はもっぱら自転車だったようだが、あるとき強烈な体験をする。

「神戸に叔父がいたんですが、事業に成功して裕福でした。その叔父が、ある日、ビカビカのアメ車、あれはビュイックでしたね、に乗って東京に遊びに来た。私には自動車なんておよそ縁のない乗り物でしたが、叔父は私をそのアメ車に乗せて神戸まで連れていってくれたんですよ。砂利道の東海道を2日くらい走って。それですっかり自動車に夢中になりましてね。日比谷で第1回東京モーターショーが開催されてからは、毎回各車のカタログを集めに行く少年でしたよ。アメ車のインパクトが強くて、日本車のことはほとんど覚えてませんが」

しかし、三好少年のアメ車熱は長続きしなかった。

「アメ車は大きくて、豪華で、乗り心地もいいのですが、自分の生活レベルとはあまりにかけ離れていましたからね」

そんな三好少年の心を奪ったのが、フェルディナント・ポルシェだった。フェルディナント・ポルシェといえば、20世紀を代表する自動車設計者であり、ドイツの国民車、フォルクスワーゲン・ビートルの生みの親として知られる伝説の人物だ。

「何かの機会にフォルクスワーゲン・ビートルの話を読んで、フェルディナント・ポルシェ博士に心酔するようになったんです。ビートルのシャシーの絵を描いて、自分の部屋に飾ったほどです。ビートルのサスペンションは、フロントもリアもトーションバーを使っています。実はCR-Xのフロントサスペンションもトーションバー

なんです。真似したわけではありませんけどね。ビートルの持つスペースユーティリティも凄いものですよ。ビートルの絵を眺めながら、『こういうのを考え出す人はすげーや。オレもそういう人になりたい！』と思っていたんです」

中学時代には、メカニズムの世界にさらに興味を深めていく。

「『機構学』の本に出てくるいろいろなメカニズムが楽しくて。リンゴの皮むき器とか、珍しい減速機などに使われている複雑なメカニズムを見ては楽しんでいました」

そんな三好少年だけに、慶應義塾大学の工学部に進んだのも頷ける。

「機械科の研究室では、ディーゼルエンジンを研究しました。ただ、排ガスのクリーン化がテーマで、あまり身につきませんでしたね」

代わりに学校の外では古いルノー4に乗り、部品の街として知られる竪川町（現・東京都墨田区立川町）に出かけては部品漁りをしていたという。その後、ホンダ・ドリームという2輪車を手に入れたのだが、このオートバイが三好の将来に大きな影響を与えることになった。

大学卒業後の進路として、三好はホンダとプリンス自動車を考えていた。

「ドリームも、エンジンを修理したり、バラしたりしましたが、結構きっちりとした仕上がりで、感心することが多かった。サスペンションも凝ったつくりでしたしね。このドリームに魅せられて、私はホンダに進んだのかもしれません」

入社時に、どうしてホンダを選んだのかと質問されたときにも、

「『ドリームのような立派なオートバイをつくりたい』といったんですよ。そうしたら、二輪に配属されました。しかし、1年半くらい経つと、四輪が忙しくなってきて、技術者を二輪から四輪に移すことになり、私もそのひとりになりました。二輪の開発には未練はなかった。めざすはフェルディナント・ポルシェでしたからね（笑）」

■未完の50Mプロジェクト

四輪開発に移った三好は、シャシー、とくにサスペンションの設計を専門に、「ホンダ1300」や初代シビックの開発に参加した。1975（昭和50）年に主任研究員に就任してからは初代プレリュードの開発に携わっている。

そして、1980（昭和55）年頃に、初代CR-Xの開発責任者となるわけだが、冒頭でも述べたように、ワンダーシビックやバラードの一員でありながら、CR-Xは異彩を放っていた。果たして、どんな誕生秘話が隠されているのだろう。私は、三好の発言を固唾を呑んで見守った。

すると三好は、意外な話を始めた。

「バラードスポーツCR－Xは、シビックシリーズの一員として発売されましたけど、その前身は単独モデルだったのです」

つまりCR－Xは、シビックシリーズとはまったく別のモデルとして生まれるはずのクルマだったのだ。

三好は続ける。

「当時、アメリカでは〝ガスガズラー〟（ガソリンをたくさん食うクルマ）のアメ車に危機感を抱いたEPA（米国環境保護庁）が、燃費基準を厳しくしていった時期でした。とはいっても、ホンダをはじめとする日本車にはまだ余裕があったんです」

「しかし、突如EPAは〝50マイルカー〟（1ガロンの燃料で50マイル走れるクルマ）という大きなターゲットをぶち上げたのです。ガソリン1リッターあたりに換算すると22キロくらいですよ。モードが違うので日本の燃費とは直接比べられませんが、いかに日本車の燃費がいいといっても、当時のクルマづくりではとても50マイルに届かなかった。ホンダの将来にとってアメリカの自動車マーケットは重要な意味を持っていましたので、ホンダとしては、なんとしてでも一番乗りしようと考えた。そこで、1970年代後半、私は〝50マイルカー〟の先行研究を命じられました。実はそれがCR－Xの前身なんです」

ホンダの北米市場での存在感を高めるために開発したクルマがCR－Xの原点とは！

当時のホンダは、アメリカの厳しい排ガス規制である「マスキー法」をシビックのＣＶＣＣエンジンで最初にクリアし、大きな競争力を誇っていた。「ＣＶＣＣは海外の他メーカーから技術提携の話があるほど、脚光を浴びた技術でした。でも、結局ＣＶＣＣは、排ガスをいかにきれいにするかが最大のポイントで、パワーや燃費を上げようという部分がなかった。エンジン性能だけでは50マイルは達成できないから、あらゆる面で効率を追求していく必要がある。試行錯誤の結果、空力と軽量化を追求しなければ、絶対に50マイルは達成できないという結論に達したわけです」

そこで三好たちのチームは、既成の概念にとらわれず、徹底的に空力と軽量化を追求したクルマの開発をスタートさせる。

「〝50M(ゴーマルエム)〟と呼ぶそのクルマは、CR－Xとはまるで違うデザインでした。ホンダ・インサイトにようになだらかな傾斜のロングルーフと、スパッと落としたテールが特長でした。つまり、空力優先のデザインです」

インサイトやプリウスのようなデザインが、すでにその当時も注目されていたというわけだ。さらに軽量化にも力を入れた。

「重い車体は無駄が多い。軽くするために、サスペンションをほとんどアルミニウムにしたんですよ。ターゲットはオールアルミ・サスでした。ボディをアルミに、という考えはありませんでしたが、実はアルミよりもさらに進んだ樹脂を使うことにしていました」

こうして開発が進められた50Mは、試作車のレベルで50マイルの燃費をクリアし、アメリカに打って出ようという段階に達したという。しかし、アメリカの現地法人であるアメリカン・ホンダからは、期待した返事がもらえなかった。

「アメリカン・ホンダの営業部門から、『このカタチはアメリカでは受け入れられない。これだけはやめてくれ』と拒否されました。1980年頃の話です」

デザイン以外にも50Mを拒む理由があったという。

「もうひとつの大きな理由がタイヤでした。タイヤが小さければ小さいほどスペース効率が良くなる。50Mは2シーターで、800kgを切る車両重量を目指していましたから、そんなに大きなタイヤは要らない。われわれはいろいろ研究して、12インチの低燃費タイヤを使おうとしていました。それで充分でしたからね。しかも、それによりあらゆる部分がコンパクトになる。室内は広くなる、エンジンルームにも余裕が生まれる。いまはどんどんタイヤが大きくなっていますが、それはそれとして、合理的で軽いクルマをつくるならタイヤは小径のほうがいい」

しかし、12インチ・タイヤもまた50M実現の足かせになった。

「私は12インチ・タイヤの採用に信念を持っていましたから、ずいぶん会議でやりあいましたが、『商売上は許されない』ということで却下されました。前例がないとか、見栄えが良くないという理由からでしょうね。ロングルーフと小径タイヤが理由で、50Mは商品化への最後の関門を通過できなかったのです」

■低燃費コンセプトをスポーツカーに活かす

あと一歩というところで、実用化には至らなかった50Mだが、三好たちの成果は無駄にはならなかった。それどころか、多くのファンを生み出す名車の礎となったのだ。

「3代目シビックの総括責任者が、50Mで培った技術を新型に活かそうと目をつけてくれたんです。それで私は3代目シビックのなかのCR－Xを担当、といってもシビックとは呼びませんでしたが。3ドア／4ドア、5ドアにはそれぞれ他の責任者を立てて、3人のLPLたちを総括責任者が見るという体制で開発が進められました」

「50Mの開発段階では、これが次のシビックになるとは思ってもみませんでした。どうしたら、EPAの50マイルをクリアして、北米市場での優位性を保てるか、というプロジェクトでしたからね。それが、まわりまわってシビックになったというのは、まさに総括責任者の手腕でしたね」

CR－Xには50Mの成果が各所に見られ

る。たとえばユニークなサスペンションを採用した理由はこうだ。

「50Mのサスペンションはオールアルミサスペンションを目指していました。いまでこそアルミのサスペンションが増えていますが、当時はアルミの疲労耐久のようなデータが充分ではなく、未知の部分が量産までに解決できないということで、構造はアルミを前提としたときのままで、材料をスチールに変えたのです。また、フロントフェンダーなど、ボディの一部に樹脂を使用したのも50Mの成果です」

空力にこだわったのも、もちろん50Mからの流れを考えれば納得がいく。現代のハイブリッドカーのようなロングルーフとはならなかったものの、流麗なデザインにより空気抵抗を低減した。また、空気抵抗を語るうえで問題になるのが空気抵抗係数Cdと前面投影面積Aだが、三好はCdの低減だけでなくAを小さくすることで空気抵抗を減少させている。サスペンションの工夫などにより低いボンネットを実現したのも、空力性能の向上を狙ったものだ。

こうした努力もあって、CR-Xはアメリカにおいて初の50マイルカーの栄誉を手にしている。

「50マイル燃費という目標をクリアしたからすごく褒められた、という記憶は全然ないんですよ。そのときにはEPAの50マイルそのものがトーンダウンしていましたからね。

だから、あまりニュースバリューがなかったのでしょう。映画のシナリオのようにはいきませんよ」

■逆転のフレーズ

CR-Xの斬新さは、その前身である50Mの独創性によるところが大きい。前述の広報資料を眺めると、誌面のあちこちにCR-Xの先進性を匂わせるフレーズが散りばめられている。

たとえば、いまでもホンダのクルマづくりを語るうえで欠かせないコンセプトのひとつ、〝MM思想〟が重要なテーマとして記されている。

「このバラードスポーツCR-Xを誕生させたのは、ホンダ独自のMM(Man-Maximum,

Mecha-Minimum)思想。人のいる居住空間・ユーティリティは大きく、そして、メカニズム部分は小型・高性能にというコンセプトであり、手法です」

このMM思想は、実は三好が考えた言葉だった。

「〝MM思想〟は、CR-Xの時代から使い始めた言葉です。実は私が提案したもので、〝マン・マキシマム、メカ・ミニマム〟の略。人間が乗るからには、クルマづくりは本来そういう方向性であるべきであると。古いクルマを見ればわかりますが、エンジンはシャシーフレームの上にちょこんと載っていて、ボンネットは長いほど、また、タイヤは大きいほど自動車は偉かった。そこから自動車が進化する過程で、タイヤを小さく、エンジンも小さくするなど、メカニズムをどんどんコンパクトにしていくという方向です。これを技術のトレンドとすべきということで、CR-Xの開発と前後して提案しました。(ホンダの第4代社長を務めた)川本(信彦)さんには『〝マン・マキシマム〟はいいけど、〝メカ・ミニマム〟は英語としておかしい。〝マシーン〟だろう』と指摘されましたが、私は、メカニズムが小さくという意味を込めたかったのと、あと、語呂がいいので、メカ・ミニマムで通しました。だから、初代フィットが燃料タンクをセンターレイアウト(床下中央配置)したのを見て、うれしかった。よくぞやってくれたってね」

■こだわりのサスペンション

誕生から30年近く受け継がれているフレーズというのも驚きだが、三好のウイットに富んだ言葉が、ピンチを救ったという例もある。たとえば、〝スポルテック（SPORTEC）サスペンション〟もそのひとつだ。

サスペンションの専門家である三好だけに、CR－X（およびシビック）の足まわりには並々ならぬこだわりがあった。スポーティな走りと低燃費の両立。そこで、三好は初代、2代目シビックとはまるで違う発想からサスペンションを設計した。

「FF車においてクルマの限界性を決定づけるのはリアサスペンションである、というのが私の持論です。なぜかというと、クルマはフロントではなくリアで曲がるんです。きっかけはフロントがつくりますが、後ろがちゃんとスリップアングルをつくって横Gを出さないといけない。リアサスペンションが貧弱ではスポーツ走行には向きません。そのリアで一番大切なのはグリップです。最大のグリップを得るためには対地キャンバーが変化しなければいい。これを実現するのが、通称リジッドアクスルです。それまでホンダの中ではリジッドアクスルに対していい印象を抱いていなかった。初代シビックは4輪独立懸架ということで打ち出しました。後ろも独立懸架というのがひとつの流れになっていたんです」

「でも、よく考えれば、タイヤと地面の関係をもっとも理想的に維持できているのは、リジッドアクスルなんです。これは、地面との関係が非常に安定していると同時に、転がり抵抗がミニマムになる。だから、50Mのように、燃費指向のグリップの低いタイヤを履かせても、接地をきちっとしておけば、性能が落ちない。リアがきちっとグリップすればスポーツ性も上げられるので、実は低燃費とスポーツ性は矛盾しないんです。そこでCR-Xと3代目シビックには、シビック系としては初めてリジッドアクスルを採用したんですよ」

しかし、4輪独立懸架からリジットアクスルへの変更に、抵抗感を抱く人がなかったわけではない。

「『なにぃ、いまさらリジッドだと?』ってね。リジッドはダサい、4輪独立懸架から後退したというイメージがありましたからね」

そこで、三好はネガティブなイメージを払拭すべく、新しいサスペンションに絶妙な名前を付けた。それがスポルテック・サスペンションだ。フロントが、SPace Oriented Reaction チューブ:Torsion-bar tEChnology、リアがSPace Oriented Responsive Trailing-link tEChnologyで、どちらも〝スペースを考え抜いた〟というのが重要なポイントだ。

「一所懸命考えたんですよ。MM思想は、人間のスペースを最優先する設計でなくてはならないということで、サスペンションのフロアや室内への出っ張りをミニマムにしたんだと。そこで〝スペース・オリエンテッド〟という言葉を入れました。このサスペンションが室内空間を重視したメカニズムであることを示したんです。しかもなんとなくスポーティな雰囲気が感じられるでしょう?」

CR－Xのリアシートも弱点といえば弱点だ。

「ミニマムトランスポートとしてのサイズですから、2シーターが妥当なところで、実際、北米市場では2シーターとして販売されましたが、国内は頑として2シーターは受け入れられないということで、〝1マイルリアシート〟を付けました」

ただ、リアシートといってもあくまで緊急時の補助席という広さだった。自動車評論家やユーザーから狭いと指摘されるのは目に見えている。そこで、「雨の日に1マイルを歩くよりは、CR－Xのリアシートに乗せられたほうがマシでしょう?」と反論できるよう、わかりやすいネーミングを考えたというのだ。

ところで、なぜ〝ワンマイル〟なのか?

「実は和光研究所から成増駅までが約1マイルだったんです。それから、ワンちゃんもまいるぞってね(笑)」

窮地に立たされてもユーモアを忘れないのが、三好流なのかもしれない。

■ユニークな発想が生まれる背景

ユニークな装備が注目を集めたのもCR‐Xの特徴である。たとえば、新しい構造のサンルーフ。〝アウタースライド・サンルーフ〟と呼ばれたこの装備は、サンルーフがルーフの上をスライドするため、ルーフの長さのわりに大きな開口部が得られるとともに、キャビンの居住性を損ねることがなかった。いまや他のメーカーでも採用しているが、世界で初めて搭載したのはこのCR‐Xだった。

この電動サンルーフとは別に、〝ルーフベンチレーション〟もユニークな装備だ。ルーフに設けられた蓋がカパッと開いて、そこから取り入れられたフレッシュエアがキャビンの天井から降り注ぐというものだ。

「アウタースライド・サンルーフは〝ズル剥けサンルーフ〟、ルーフベンチレーションは〝バカ殿スタイル〟などと呼んでましたね。それから、セミリトラクタブル・ヘッドライトといって、瞼をつけたヘッドライトもユニークでした。いずれも奇抜なアイディアでしたが、決して奇をてらったものではありません。ミニマムなサイズにしながら、なるべくエネルギーを使わずに、楽しいものをつくる、ということで皆が提案したものでした。遊んでるように見えますが、やってる本人は真剣で、新しい試みに張り切ってましたね」

しかし、なによりユニークなのがクルマとしてのCR‐Xだ。既成概念にとらわないF

Fライトウェイトスポーツ。いかにスポーツイメージの強いホンダとはいえ、社内に拒否反応はなかったのだろうか？

「小さいスポーツカーを出すことへの拒否反応はありませんでしたね。あの頃は、シビックとシティで沸いた時期でしたが、シティだって小さいクルマでしょう？ むしろ、走らなくて、おっとりしたクルマが褒められる可能性はほぼゼロの会社ですから。『良くできた大人のクルマだね』なんて褒める人はホンダにはいませんでしたよ」

では、ユニークな発想を生み出す原動力は何か？

「なにしろわれわれは最後発の四輪量産メーカーでしたから、『最後発のメーカーが並み居る先輩企業と同じものをつくって何の意味があるんだ』という〝中小企業意識〟がものすごく強かったんですよ。われわれは同じことをやるためにクルマ業界に入ったわけじゃない。トヨタがやらない、日産もやらない、どこもやらないから、ホンダがあるんだと。そんなホンダを、買う人が認めてくれればいいと。本田宗一郎がよく『真似をするな』と言ったのは、真似したって先輩のほうがすごいんだから、だったら違うことで、違う価値で勝負するんだ、という気持ちを持っていたからでしょう」

二輪で成功を収めたホンダ、という立場も、独創性を追求する力になっているという。

「二輪で成功していたホンダが、ぎりぎり四輪の世界に滑り込んだわけですが、そのときに滑り込まなかったとしても別にホンダがなくなるわけではなかった。でも、あえて滑り込んだ以上は、並み居る強豪に勝負を挑まなければならない。そのためには、ニーズを掴むとか別の魅力を提案するといったことで、差別化を図る必要があります。同じことをやっちゃいかんという認識は強かった。だから、サスペンションだって、他社が新しいことをやったから同じことをやろう、という発想はまったくなかった。しかも、単に新しいだけでなく、進歩した新しいもの、他所にないものをつくり出そうという気持ちを持っていましたね」

「もちろん、新しいものが100%素晴らしいかといえば、必ずしもそうとはかぎりません。欠点もあるでしょう。しかし、目的に向かうとき、欠点があってもダメならやめればいいじゃないか、というくらいの割り切りを持って前に進むことが重要なんです。そう意味では、とても動きやすい環境でした。もちろん、いいものをつくらなければ認められないという厳しさもありますが」

その伝統は、いまもホンダに脈々と息づいている。ひとりひとりが伝統を受け継ぎ、次の世代に伝えていく。

「私がマネージャーの職にあったときには、部下には常々『真似するな』とか『独自性を大切にせよ』と話をしました。それは、自分たちの置かれている立場を理解すればわかることです」

反面、追う立場というホンダのポジションがプラスを生み出したのではないかと三好は語る。

「一番後ろについているんだから、前がやったことを真似しているだけでは前に出ることはできない、という意識を植え付けておけば、新しい何かをつくり出さずにはいられないわけです。もちろん、新しいことが必ずしもいいことばかりとはいえませんが、価値のあるチャレンジなら意義は大きい。それは、安易な方向に流されるのを防ぐ役割もあります。『他社がやっているから、このクルマに採り入れてみました』なんてことが絶対通らない雰囲気が必要です」

「とはいうものの、20年あまりそれぞれの道を歩んできた人が、ホンダに入ったからといって、皆が皆、そうなるとはかぎりません。そういった雰囲気に共感し、前向きに取り組む人がホンダを引っ張っていくんですよ」

そんな企業風土と三好以下開発陣一同の独創性とが生み出したＣＲ－Ｘ。指揮を執った三好がこう振り返る。

「前例にとらわれずに開発できたのが良かった。足まわりはもちろん、ボディから艤装まで、いろいろチャレンジができましたよ。なかには批判されるものもありましたが、技術的に意味のある新しいことにチェレンジできたのがとてもうれしかった。私自身、ひと真似は嫌いですから」

三好はCR-Xには人一倍思い入れがある。「先行研究から携わっていますから、ゼロからつくり上げた〝自分のもの〟という印象が強いですね」

初代CR-Xことバラードスポーツ CR-Xは、約4万台が国内販売された。決して大きな数ではないが、私たちファンの心を躍らせ、いまなお記憶のなかでワクワクさせるという意味では、まさに20世紀の名車と呼ぶにふさわしい。ホンダの独創性が見事に実を結んだクルマ、それがCR-Xなのだ。

三好建臣(みよし たけおみ)
1942(昭和17)年、東京都生まれ。1965(昭和40)年慶應義塾大学工学部機械科卒、同年本田技研工業株式会社入社。1967(昭和42)年に4輪シャシー設計に配属、1972(昭和47)年に初代シビックのPL、1978(昭和53)年に初代プレリュードPL、1983年(昭和58)年に3代目シビック/バラード・シリーズにおけるCR-XのLPLを務める。1987(昭和62)年に3代目プレリュードLPL、1989(平成元)年に4代目アコードLPL、1992(平成4)年に英国ローバー社との共同開発車総括(英国駐在)を歴任。1996(平成8)年、株式会社本田技術研究所を退職、同年株式会社ショーワに転籍。2002(平成14)年に株式会社ショーワを退職。

車名	ホンダ バラードスポーツ CR-X1.3	1.5i
エンジン		
型式名	EV	EW
形式	水冷直列4気筒 SOHC16バルブ　横置きFWD	←
排気量	1342cc	1488cc
最高出力、最大トルク	80ps／6000rpm、11.3mkg／3500rpm	110ps／5800rpm、13.8mkg／4500rpm
変速機	3段AT／5段MT	←
シャシー・ボディ		
構造形式	モノコック・2ドア＋テールゲート	←
サスペンション(前／後)	トーションバー・ストラット／トレーリング・ビーム	←
ブレーキ(前／後)	ディスク／リーディングトレーリング・ドラム	ベンチレーテッド・ディスク／リーディングトレーリング・ドラム
タイヤ	165/70SR13	165/70SR13、175/70SR13、185/60R14 82H
寸法・重量		
全長×全幅×全高	3675×1625×1290mm	←
ホイールベース	2200mm	←
車両重量(3AT)	760(785)kg	800(825)kg
乗車定員	4名	←
燃料タンク容量	41リッター 無鉛レギュラー	←
価格(5MT／3AT)	99.3－107.3万円／113万円(*)	127－138万円／143万円(*)

註：東京地区価格、*：サンルーフ仕様

BALLADE
SPORTS
CR-X
DOHC

HONDA
CR-X
DOHC
HONDA

HONDA

HONDA
CR-X

BALLADE
SPORTS
CR-X

HONDA
BALLADE
SPORTS
CR-X
1.5i
HONDA

CR-X
HONDA

TOYOTA ESTIMA

「天才タマゴ」の真実

塩見正直
トヨタ エスティマ（初代）製品企画室主査

聞き手：道田宣和

今日のミニバンブームに火を点けたのはこの人たちだったと言って差し支えないだろう。それまで永く無骨なトラックベースのバンやワゴンしかなかったワンボックスカーの世界に、初代エスティマは1990（平成2）年5月、颯爽と現われた。ミドシップのユニークなシャシーレイアウトと異星から飛来したかのような斬新なスタイルは作り手の理想を忠実に反映した奇跡のような存在。問題はトヨタのような大組織の中でどうしてそれが実現できたかだ。答えはリーダーの個人的インタビューに今なおかつての部下が親しく同席するという、そのこと自体にひとつのカギがありそうだった。

■異例の開発期間

「失われた20年」が始まろうとしていた1990（平成2）年前後は同時に日本車が量から質へと大転換する時期でもあった。レクサス、インフィニティがメルセデスやBMWの牙城に切り込んだかと思えば、NSXがポルシェ、フェラーリの高みに挑み、マツダMX－5ロードスターがブリティッシュ・ライトウェイトスポーツに取って代わるという、そんな熱気に包まれていた。エスティマがデビューしたのもまさにそんな時代。リーダーはそれをどう捉え、どうクルマづくりに活かしたのか？　塩見が当時の状況を語り始めた。

「あの当時はクルマのモデルチェンジというとエンジンから何から、全部新しくして出すということをしていましたね。すでにいくつもの世代を重ねていたカローラですらそうでしたから。クルマに対する感覚は今とまるで違っていました。モデルチェンジごとに新しいコンセプトを一から作って出すという、そういう時代でしたね」

合理化とコストダウンを追い求め、それが極まった感のある現代のクルマは周知のとおり、エンジンやフロアパンをはじめとする主要なコンポーネンツを異なる車種同士で共用するのが一般的。姿は違っても中身は同じなのである。メーカー間の熾烈な競争に打ち勝つためにはある意味、必然でもある。それだけに当時の彼らは存分に腕を振るえたわけで、さぞかし技術者冥利に尽きたことだろう。

「みんなで仕事をするわけですから、いかにして全員がその気になってそれぞれの部署でいろいろなアイディアを出し、いいクルマに仕上げていくようになるにはどうしたらいいのかを模索するのがリーダーとしての務めでした。そのためには技術的にコンセプトが正しいものでなくてはならない。しかも、だれもがそうだと認めるようなコンセプトで人を引っ張っていく必要があります」

「それと、エスティマの場合は当時、普通のクルマと違っていろいろと社内事情がありましてね。だからどうでしょう、モデルが決まって普通はなるべく早く、2年以内くらいには出そうということになるのですけれど、エスティマは3年くらい掛かったかなあ……」

同席していただいた、現在もトヨタ自動車のTQM推進部でプロフェッショナル・パートナーを務める森 浩三は「1987(昭和62)年には先行試作車による開発がほぼ終了する段階に入っていました。私はちょうど担当員(係長)から主担当(課長)になった頃です。塩見さんの下で走り回っていましたね」と補足し、もうひとり同席していただいた、初代エスティマの主査を塩見から引き継いだ植田 豊は「構想段階から数えると7〜8年掛かっています」と話す。

それを塩見は「それだけモメていたわけですな(笑)。出す、出すなと言って……」と振り返った。ヨーロッパ車はともかく、日本車で7〜8年という開発期間の長さはたしかに異例である。その間、この3人はどういう役割を演じていたのだろうか？

植田は「アイディアや構想はすべて、それまでずっとエスティマ・グループのリーダーをされていた塩見さんのものです。主査は次長もしくは部長格の役職ですが、主査から役員に転じられたのが1988(昭和63)年6月なので、そこから発売までの約1年半は、それまで10年間、塩見さんの下にいた私が引き継ぎました」と振り返った。

■同床異夢の社内態勢

では、なぜそれほど時間を要したのか？ 塩見はこう答えた。

「ほかのクルマでは違うと思いますが、エスティマの場合はああいうコンセプト自体がまだ世の中にありませんでした。多少時間が掛かるのは仕方なかったかもしれません。そういうこともあって、特にアメリカの場合ですが、市場関係の人間はいったいどういうクルマを自分たちに渡してくれるのか、どういうミニバンを出すのかという点で、我々技術部の考えとはまったく正反対でした」

これはちょっと驚きである。トヨタと言えば常に全社一丸、一糸乱れず足並みが揃っているかのようなイメージがあるが、それは勝手な思い込みというもの。トヨタも人の子ならむしろ多少の紆余曲折があって当然なのだ。

「市場はあの当時特殊な状況にありました。アメリカのクルマというのはもともとV8エンジン付きだったのです。それが省エネなりコンパクト化にシフトしようという時代でした。ですから各社が新しくV6エンジンを開

発していた。V6イコール新しいクルマであり、コンセプトだと。みんなそんなふうに考え、それに向かって走り始めた頃でした」

「エスティマのコンセプトは、どちらかというとエンジンはあまり目立たず黒子に徹してもらって車両全体を楽しく個性的に仕上げるというものでしたから、V6を前面に出して市場投入しようという流れの中では少し浮いていました。その辺りから物議を醸したので、開発にだいぶ時間が掛かりました。先行試作車は完成に向かっていくのですが、発売するゾというオーソライズがなかなか取れないでいる。そんな状況がずーっと続きました」

今だからこそ明かせる裏話である。しかし、そうだとするとリーダーはもちろんのこと、その指揮下で働くチームの面々はなおさら不安が募ったに違いない。

塩見が「皆さんはだいぶ苦労しただろうが、私は知らん顔していましたね」と話すと、植田が言うには「新しいことをやらせてもらえる素地はあったし、事実やらせてもらえました。本業だけではなく少し開発的な部分を結構自由に。少なくともダメだと言わない雰囲気はあっていろいろなトライをさせてもらいました。先程も言ったように構想自体は7〜8年前、つまり紙の段階から始まって3年前にGOが掛かるまでの間、エンジンや足まわりなどを、ああやったらどうだろう、こうやったらどうだろうと、好きなようにさせてもらっていました。とにかく暗黙の了承の中でやらせてもらえる素地はあったんです」

塩見は「(了承ではなく)そりゃあ暴走したんだな」と笑う。

それは当時のトヨタもさることながら、直接の上司である塩見の懐が大きかったせいだろうか。植田はこう振り返る。

「トヨタの場合は我々製品企画室という部署がクルマの企画に当たります。そこにはエンジンだ、足まわりだ、ボディだと、ほかの部署との関係があります。ですが、主査には命令する権限はありません。どうするかというと、社内に同調者を作ってお願いし、一緒にやりましょうと説得してクルマを作り上げるのが昔からの手法です。ですから、塩見さんの依頼に対してファンというか同調者が少しずつ集まってきて、それぞれは本業があるのですが、それとは別に仕事をするわけです。しかも、塩見さんは〝暴走〟と言われましたが、結構な勢いで取りかかっていたのです」

塩見の意見はこうだ。

「主査というのは、車両に対してはそれこそ販売台数から原価や利益、そういうものに全部責任を持って仕事をするわけですから、その責任は充分にあるのですが、いわゆる仕事をしていく上での人事権はないんです。個々のスタッフはそれぞれの課長なり次長なりに所属していますから。その人間を使ってまとめていくわけですから、人事権がない代わりにみんなを共感させるしかありません。そのためにはやはり技術力ですよ。技術が間違い

ないねえと言ってもらえるようなもの。それを、こういうものがあったらいいんじゃないか、世の中にないものにチャレンジしていく時代だよと説いて回りました」
説いて回るべきエスティマ像はすでに存在したのだ。
「その前にタウンエースとかライトエースとか、バンから派生したミニバンがありましたが、コンセプトは従来どおりで途中から使い勝手だけをワゴンのほうに振った、それらのしっかりした最終版というか最終結論をエスティマで出そうとしていましたから」

■製品企画室という部署

塩見は本来、シャシー、足まわりの設計者だった。設計技術者としての経験蓄積と製品企画室で2年ほど対米コロナを担当ののち、前任者から引き継ぐかたちで、主査としてタウンエース、ライトエースを手がけた経歴をもつ。植田は主査という役割をこう説明する。

「主査は車種ごとに設けられています。そこにグループが固まっていて、私も森さんも塩見グループのメンバーでした。もちろん、人数としてはひと桁の規模です」

塩見曰く、「そもそも製企室というのは仲間の集まりではないのです。むしろ、カタキ同士が集まっているようなものです。ですから、車種担当でタウンエースとエスティマは身内だが、隣りにいるハイエースとかクラウンはもう充分にカタキだから情報は一切漏らさない。その代わり、よそからも情報は取って来ない。ぜんぶ自分たちで開発するんだと、皆それぞれ思っているわけです。かといって、あまりケンカはしませんけれどね(笑)」

「無茶苦茶がやれた時代ですよ(笑)。今は生産といっても海外生産とかいろいろありますから。ユニットごとに他車と共通して開発せざるをえないわけです。まあ、開発時に全部のユニットを新しく作っていたのは、エスティマあたりが最後だったでしょうね」

いっぽう、森は当時のエスティマの開発をこう振り返る。

「エアコンひとつとっても完全な専用設計で、ほかのクルマには絶対載らないような代物でした。デュアルで、フロントはダッシュパネルを前後方向に串刺しにしたもの、リアはタンジェンシャル・ファンと言って、家庭用のルームエアコンと同じ構造のファンを持っていた。薄くしたかったものですから。そんなふうにほとんどの部品が専用設計でした」

「今はいいプラットフォームをしっかりと作って、そのプラットフォームを利用して車種

ごとの製品企画をしますから、チームが自分で作るということがもうできなくなっていま
す。今はプラットフォームを作る専門部隊がいて、その台の上にクラウンなりマークX
なりのボディを載せるものですから、当時とは随分違います」

■あくまで理詰めの「天才タマゴ」

箱形のワンボックス・スタイルをもつタウンエースからは見違えるような変身振りだが、
どのようにしてエスティマのような奇抜な発想ができたのだろうか。そのきっかけについ
て塩見はこう答える。

「きっかけというよりも普通に考えれば出てくる話です。自動車というものは常に運動性
能を最高に高めようとするのですが、その中で大きなウェイトを占めるのが慣性力、とり
わけ慣性中心の問題です。それをいかにキビキビとしたものにするかと考えた時、慣性モー
メントをミニマムにするわけです。ミニマムにするということはクルマの重心周りに重た
い物を集め、ほかには置かないというのが機械工学から見た鉄則です。だから、それをそ
のまま適用すると必然的に床下に収めることになります。そうなるとエンジンの高さもな
るべく低くしなければなりません。……というようなレイアウトは最初からダーッと一貫
して進めていたのではなく、仕事をしながら少しずつ変えていきました」

対して植田は「いやあ、塩見さんはそう仰るけど、当時私もビックリしていました。塩見さんの発想、凄いんです。エッと思うようなアイディアがどんどん湧いてくるのですから。塩見さんがよく言われたのは何ができるかではなくて、何をなすべきかということでした。我々は大体できること、やればできること、ある程度見えることを最初に考えるのですが、塩見さんは見えないところまで考えてしまうのです」

仮にの話だが、塩見なかりせばエスティマは生まれなかった、のだろうか。そう訊ねると、植田と森は異口同音に「完全にそう思います」と言い切った。慣れるとつい安住しがちなのに、まったく新しい発想ができたのはなぜだろうか。塩見はこう説明した。

「最初から決めていた路線ですから。ワンボックスでいい性能のクルマを作るんだと。ですが、その前に既存のバンをベースにいろいろな企画が出始めた時代でもあったのです。それはそれで勝負しなければならなかったから、お付き合いして、お付き合いしながらも早く最終的なものを作らなければいけないので、同時進行のような形でした」

それにしても、自ら暴走と言うほど理想を突き詰めたエスティマは設計の前提としてアメリカありきだったのだろうか。塩見はその手法について語った。

「米国市場に新しいミニバンを出すことは間違いなかったことです。世界で一番先に出そうとするとどうしてもアメリカになる。でも、時間的に間に合わなかったので、マスターエースなど既存のクルマの鼻先にY字型フレームを組み込んでクラッシュ時の生存空間を確保するなどして送り出したのです。それでも従来型のフルキャブはフロントヘビーで重量配分が悪いので、基本的によい素性のものに改めるためにはレイアウトそのものからミドシップに移行せざるをえないというのが最初からの考えでした」

「ただ、だからアメリカはV6だとかいろいろ市場の要求や制約があって、すんなりとは行かなかった。開発当初、技術部の中ではトップが動いてくれてみな賛同してくれました。エンジンを横倒ししてもくれました。ですが、社長やトップの人間がアメリカに行くと、どうも塩見はあんなことをやっているらしいが困ると言うので、帰って来ると彼らがみな反対に回りました。それを押し切るのに私の労力の相当部分が消費されましたね」

訊きたかったのはその点だった。それは正攻法だったのだろうか、それとも搦め手だったのだろうか。

「搦め手が多かったですね(笑)。最後は(豊田)英二会長に計画書を持っていって、こうこうこういうことで、こういうクルマにしたいんだと、いや、むしろこういうクルマでなければダメだと言ったんです。すると英二さんは『こういうことはやってみなけりゃわからんわな』と仰った。それで私は、『英二さんがやれ！と仰った』と言って、帰ってからダーッと号令を掛けたのです。少なくとも、反対された覚えはないので(爆笑)」

結果良ければ善しだが、失敗していたら大変なことになっていたのではないだろうか。

「当時もう何年間も先行開発していましたからね、試作費だけでも膨大な金額なんですよ。だから普通は開発提案をしてこういう先行試作車を作り、一次試作を何台作って合計どのくらいのカネを使い、何台売って原価をこうしますと責任持って提案するわけですが、もう無茶苦茶になってしまっているものだから、話はまとまらないけれど開発だけはどんどん進んで……。まあ、随分カネが掛かりました」

それこそ胃の痛む思いだったのだろうが、そんな時、どうやって腹を括ったのか。

「まあ、しょうがないなと思ってましたけれど。バレてもまずいから、試作費も計上していないのに試作車だけまわりに山ほどあるのでなるべく隠せと言ってました。本社にあるものを東富士(研究所)に持っていかせたりと、多少防衛的なことはしました」

そもそも主査が会長に直接会うこと自体が異例ではないだろうか。

「まあ、そう言われてみればそうかなとも思いますが。でも、(豊田)章一郎(社長)さんにしろ入社以来、電気自動車の開発などでよく知っていましたし、英二さんにしても話ができないという関係ではなかったですね」

信ずる者は強しということだろうか。

「確かに異例といえば異例だったのでしょうが、私としては単に技術論を闘わせただけのつもりですから。いい雰囲気で話を聞いてもらえたから認めてもらったと思って、そらやるぞと言ったわけです。騙し討ちにするつもりはもちろんなかったですけどね」

■駐在員たちが喜んだエスティマ

そんな苦闘を経て製品化されたエスティマだが、売れ行きや評判はどうだったのか?

「日本より数ヵ月早く、1990(平成2)年の初頭に発売されたアメリカがもちろんメインになりました。ただ、運の悪いことにあの当時は(ライト)トラックの輸入総量規制があったので、エスティマのようなミニバンもそこに分類された結果、事前に思い描いていたようには数が出ませんでした」と塩見は話す。

〝ニューコンセプトサルーン〟を名乗ったエスティマは消費税抜きの日本価格で296・5〜335万円と当時としてはかなりの高価・高級車だったが、「エスティマは日本でもタウンエースまで引っ括めてカバーするというつもりはなく、それはそれ、これはこれとセグメントを分けて出しました」とのことだ。

アメリカでの評判はどうだったのか？

「まず身内が喜びましたね。駐在員たちが日本から来る本社の連中をしょっちゅう送り迎えしなければいけないわけです。小さいクルマだと2台も3台も行く必要があるけれども、エスティマなら1台で済んでしまうので楽ができると言われました。そういう意味では彼らにいちばん評判が良く、だから積極的に応援してくれたのも彼らです。要するに使い勝手が良かったのです」

森によれば「6人が乗って6人分の大型スーツケースが後ろに載るミニバ

ンって、エスティマ以外にありません。ＦＦ（前輪駆動）のミニバンは６人乗れますが、後ろの荷物スペースはわずかですから」となる。

植田がこれにつけ加える。

「使い勝手ばかりではなくて、狙ったとおり操縦安定性もいいと言われました。それから、発売当時に何千ドルという物凄いプレミアムが付いたのです。小回りが利くという評価もあって、むしろこちらがビックリしたのですが、やはり北米のクルマに比べれば本当に扱いやすいのです」

アメリカ本家のミニバンに比べて、小さいとは言われなかったのかと訊くと、「そりゃあ、言われましたよ」と塩見は答えた。

「導入テスト（事前クリニック）を何回かやるわけですが、そうするとやっぱり短いと言うんですよ。特にフロントの乗降性をもう少しなんとかして欲しいと。だから、業を煮やして最後にホイールベースを２５０㎜延ばしたのです」

それでもトータルで見て、ベストバランスのパッケージングと言ってよかったのだろう。たとえば、今もう一度ミニバンを作るとしたら同じものを作りますかと訊くと、「技術屋だったら誰でもああいうものを作りたいと思うんじゃないですか」と塩見は即答した。

■信じることの意味

そこで先ほどの〝暴走〟に話を戻すと、トヨタという会社の中で自由に仕事ができた理由は何だろう。植田はその理由をふたつ挙げる。

「ひとつは進めている仕事自体が本当によいかどうかは、皆が判断するわけです。塩見さんの考える方向が理解されて、いろいろな部署から支持する人間が集まってきたのは事実ですね。もうひとつは塩見さんの人柄です。やはり物凄くキツイことを言われました。でも、その割にはフォローがしっかりしていて温か味がある。ですから、怒られてコンチクショー！と思っても、結局はやってやろうと思わせる、何かを持っておられますね」

では塩見自身はどう捉えているのだろう。

「技術論で攻めるところは攻めますけれど、まあ、最後はナアナアだよね。だから、自分としては少なくとも阿吽の呼吸ができたと錯覚していたのでしょう」

森は塩見との仕事の経験をこう表現する。

「塩見さんと、たとえば生産技術の部長に1／5パッケージを持っていってコンセプトの説明をしました。そんなふうにしてファンや信奉者を続々と作っていった面もあります」

「こんな逸話があります。ラインオフして半年後に開発関係者が集まって記念パーティを開催した時のことです。ほかのクルマでも開かないことはないのですが、エスティマの場合

350人も来ることになったものですから、名古屋のホテルで一番大きな宴会場を探してそこに実車も持ち込み、トヨタプリティ（註：トヨタ自動車のイメージレディ）も馳せ参じたんです。『門外不出』と言われている彼女たちが、です。開発部隊に限らず、生産管理、工場、営業関係など、とにかくあらゆる部署からひとが出てきて盛大でした」

■20年後に聞くディテール

そろそろクルマのことも聞くことにしよう。

ミドシップされたエンジンとそこから前方に長く伸びた補機駆動用のシャフトは初代エスティマの特徴のひとつだが、今にして思えばそれを電動に置き換えることはできなかったのだろうか。

このシステムについて、森はこう説明する。

「エアコンのコンプレッサーなどを電動に置き換

えるには発電機からの電力供給が必要となりますが、エンジンの脇に大型の発電機を置く場所がないのです。したがって、メカ的な駆動が不可欠となりました。たしかにシャフトではなく油圧で回すことも検討しました。エスティマでは残念ながらコストの問題で諦めましたが、よりコスト吸収力の高いレクサス(初代LS)/セルシオではエスティマで葬り去られたこの油圧ファン駆動方式が採用され、立派に役立ったのです」

そうして苦難の末に夢を成就した初代エスティマも、現行の後継車ではコンサバティブなレイアウトの前輪駆動になっている。それは時代の変遷そのものといえるだろうか。

「エスティマのエンジンは横倒ししていますから、さぞかしカネが掛かっていると思うでしょう。ですが、あれはいろいろ知恵を絞って縦置きエンジンの生産ラインをそのまま使えるようにしてあるので、実は案外安く出来ているのです。V6も試作段階ではトライはしていたのですが、それに比べてエンジンの設備投資が圧倒的に少なくて済む。だから、4気筒を採用することができたのです」

では、コストが掛かっていたのはどの部分だろうか。

まず塩見は、「どうですかねえ、常識的に言えばやはりボディそのものでしょうか。エンジンがアンダーフロアマウントのミドシップなんてほかにありませんから。計算すれば高いものになると思います」。これに対して植田は、「でも、知恵は絞っていますが、あまりカネを使ったところはないと思いますよ」。そして森が、「割高だとすれば個々のユニットや素材よりも、専用設計が多いものですから償却費が高めだとは言えますが、構造的には非常にシンプルに突き詰めたものになっていますから」とまとめてくれた。

■将来技術のための壮大な実験

結局、初代エスティマはライフスパンでトータル125万台が生産され、開発計画時点での償却ラインが100万台とされており、それはクリアしたという。ペイしたのはよいとして、残念ながらユニークなレイアウトは1代限りとなってしまった。そのことは今振り返ってどう思われているのだろうか。塩見はこう語る。

「FFに切り替わったのは、もっと本格的に国際化して輸出の戦列に加えようと思ったら必然的にそうならざるを得なかったでしょうね。次のエスティマがFFで行くよと聞いた時は何の抵抗もなく〃そうかそうか〃と思いましたから」

納得したのは会社の方針だろうか、それとも技術者として商品技術の流れが正当に変化したと判断したからか。

「いや、商品技術としてはむしろミドシップのほうがいろいろな展開ができますから。たとえばハイブリッドなどはそうでしょう。それゆえ、今後変わっていく可能性はありますね。形を変えて初代エスティマのような考え方のクルマが出てくるかもしれません」

初代エスティマというクルマを今総括してみると、商品として重要なのは言うまでもないにせよ、それとは別にトヨタとして将来技術の可能性を探る一種壮大な実験でもあったような気がするのだが……。続けて塩見はこう語る。

「あのプロジェクトに携っていた人間が、その後あの時学んだことで次のステップが踏めたと言って喜んでいる人間は大勢います。あとでレーシングカーを担当するようになったスタッフの中にも振動解析などで経験を役立てた人間がいます」

ワンボックス系だけでなく、乗用車も手掛けたいと思ったことはないのだろうか。

「乗用車に比べれば、はるかにレベルの高い仕事を我々は手がけていました。当時、開発部門は第1／第2／第3開発センターとあり、第1はＦＲの乗用車、第2がＦＦの乗用車、第3が我々の商用車なのですが、皆1＋2は3だと言ってましたから。だから、最先端の仕事を手がけているという意味で憧れていたひとが多かったですね」

森が当時の雰囲気をこう説明する。

「乗用車の場合はピラミッドの中であなたはここだと言われ、そこを逸脱すると共食いだとか言われてフリクションが起こりますが、それに対して第3開発センターのクルマというのはそういうしがらみがあまりない。ダイナやハイエースで言えば商用車の市場でどう最適化するのかというような、トコトン開発を突き詰めていきやすいという環境があります。乗用車はなかなか難しいと思いますね。重箱の隅を突く話になりがちですから。それでも、開発していると次から次へといろいろな課題が湧いてきて、それをクリアすること自体に喜びを感じていました。そんな中で日々が過ぎていったというのが実感です」

最後に、〝天才タマゴ〟がキャッチコピーのスタイリングデザインだが、あれはまるごとCALTY(キャルティ。米国カリフォルニアにあるトヨタの先行デザイン開発拠点)の作なのだろうか。

植田によると「あの頃は毎年ひとつずつデザインを提案してきていたのです。ある時、これだというのを提案してきてそれがベースになったのですが、それから先はトヨタ車体のデザインです」とのこと。「ただ、あのオリジナルデザインそのものはパーフェクトにCALTYのデザインです。インテリアは日本サイドの作品です」と森は話す。

塩見は「随分長いことCALTYがミニバンを提案して、やりますやりますと言ってくる割にはくだらんものばっかり持ってくるので、それでつまらんものなんか持ってくるなと怒鳴りつけたんですよ」と笑う。

エンジニアは、どちらかというとアートっぽい世界には二の足を踏んでなかなか意見を言わないことが多いのに、塩見はズバッと物を言ったようだ。

「デザイン部門とは一緒にああだこうだと随分仲良くやってましたから。もちろん、CALTYにも何回も行きました。とにかく、技術だけでなくデザインも両方やらないと。でなければ構造を考えることができなくなる。そういう意味ではデザイナー任せではなかったですよ」

この3人、5年前から始まったエスティマ同窓会、バスで移動したことにちなんで名付けられた、通称〝塩見バス〟では、いまだにクルマを熱く熱く語るのだという。どこまでもパワフルなエンジニアたちではあった。

塩見正直(しおみ まさなお)
1936(昭和11)年、京都府生まれ。1959(昭和34)年、名古屋工業大学機械工学科卒。同年トヨタ自動車工業(当時)株式会社に入社。1984(昭和59)年に製品開発企画室に配属、商用車/SUVの開発に従事。1988(昭和63)年に技術担当取締役、1992(平成4)年に常務取締役、第3開発センター長に就任後、EV開発部を新設。ハイブリッド車両、燃料電池車両などの新技術の開発を手がける。2001(平成13)年に株式会社アラコ会長。2004(平成16)年からトヨタ車体株式会社会長、2005(平成17)年からトヨタ車体株式会社技監を務める。

植田 豊(うえだ ゆたか):1943(昭和18)年生まれ。塩見を引き継ぐ形で1988(昭和63)年、初代エスティマの開発主査に就任。その後イプサム等を担当したのち、1996(平成8)年に豊田紡織株式会社(現トヨタ紡織株式会社)に転籍。2006(平成18)年退任。
森 浩三(もり こうぞう):1947(昭和22)年生まれ。トヨタ自動車株式会社 TQM推進部 プロフェッショナルパートナー。エスティマ開発の後、原価企画室、品質保証部を経て2009(平成21年)TQM推進部に配属。

車名	トヨタ エスティマ
エンジン	
型式名	2TZ-FE
形式	水冷直列4気筒 DOHC16バルブ　ミドシップRWD
排気量	2438cc
最高出力、最大トルク	135ps／5000rpm、21.0mkg／4000rpm
変速機	4段AT
シャシー・ボディ	
構造形式	モノコック・3ドア＋テールゲート
サスペンション(前／後)	マクファーソン・ストラット／ダブルウィッシュボーン
ブレーキ(前／後)	ベンチレーテッド・ディスク／ベンチレーテッド・ディスク
タイヤ	215/65R15 96H
寸法・重量	
全長×全幅×全高	4750×1800×1780mm
ホイールベース	2860mm
車両重量	1730kg
乗車定員	7名
燃料タンク容量	75リッター 無鉛レギュラー
価格	296.5万円(4WD:324.5万円)

註:価格は東京地区

著者紹介

道田宣和(みちだ のりかず)

1947年(昭和22)年生まれ。株式会社二玄社にてカーグラフィック編集部、別冊単行本編集室に在籍後、2010年フリーランスに。現在に至る。

ESTIMA

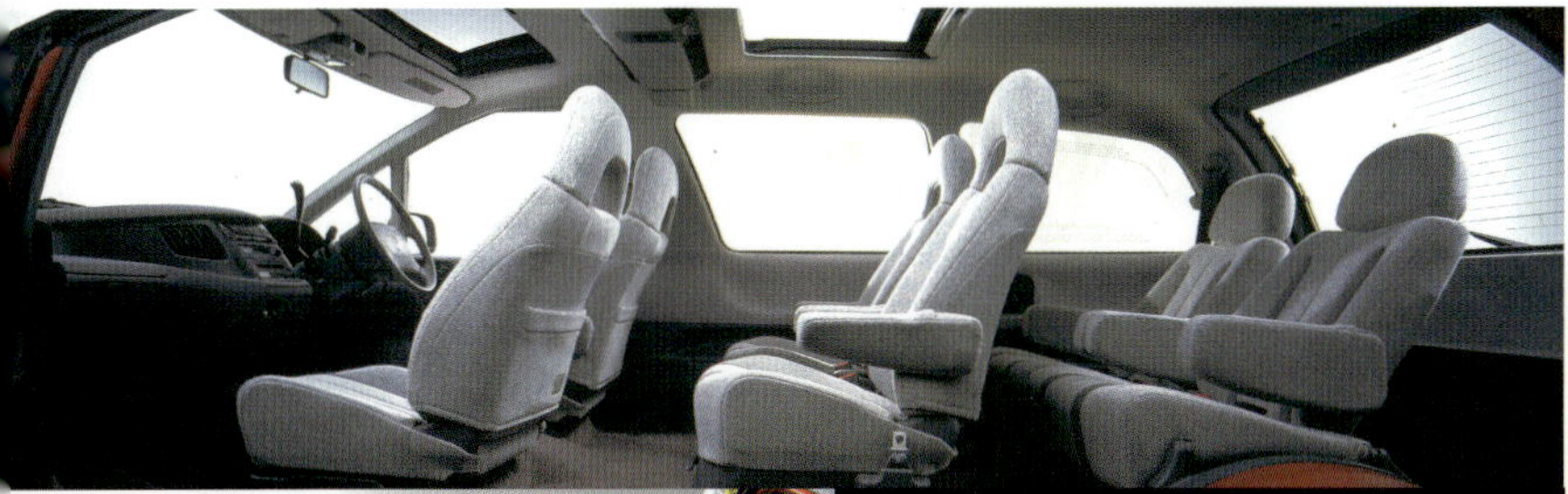

LAH SERIA

ESTIMA

4WD
TOYOTA
ESTIMA

NSX
NISSAN
SKYLINE
横浜530
に 19-90
Roadster
LEGACY
LEGACY
GT
HONDA
BALLADE
SPORTS
CR-X
1.5i
4WD
ESTIMA
TOYOTA
ESTIMA

参考文献

『走りの追求・R32スカイラインGT－Rの開発』
（伊藤修令 著／グランプリ出版 刊　2005年）

『マツダ／ユーノス ロードスター
日本製ライトウェイトスポーツカーの開発物語』
（平井敏彦他 著　小早川隆治 編　三樹書房 刊　2006年）

別冊CG CAR GRAPHIC選集
『ニッサン・スカイラインGT-R』（二玄社刊　2001年）
『マツダ・ロードスター』（二玄社刊　2002年）
『スバル・レガシィ』（二玄社 刊　2003年）

■あとがき

本書の取材を進めるに当たって、いまから20年以上前のご自身の仕事についてお訊きするには、多少なりとも記憶の曖昧さなど難しい面があるかとは想像していた。だが実際には、それぞれのチーフ・エンジニア（主査、主管など、各社によって呼称は異なる）の方が自らの仕事について語る口調は滑らかで、当時の開発現場での思い出を懐かしみながら丁寧に話してくださった。それは諸氏が達成した仕事において、充実した時間を過ごすことができたからだろう。こちらが苦労話を伺おうとしても「それは感じなかったですね」という答えが多く聞かれたのは、それぞれの方の仕事に対する満足感のなせる業に違いない。

ところで、残念ながら諸般の事情により、取材が実現できなかったものの中には（候補となった車種は十指に余った）、連絡が取れたある元エンジニアの方から、電話口で「いまや時代はハイブリッドや電気自動車。当時の資料も廃棄した。過去にこだわりたくない」と、取材を固辞されたことがあった。こんな言葉を聞いたときには、取材がかなわないことよりも、名車を生み出した元エンジニアの方が、いまもなお、自らの生き様にこだわり続けている人物であったことに心を動かされたものだ。

取材に応じてくださった6人の元エンジニアの方々に接すると、それぞれの個性や性格

は異なれど、当時の仕事に対する共通する気概が感じられた。すなわち、既存の手法や思考にとらわれず、自らの信念に基づいて新たな領域へと踏みだし、周囲の人々を導いていったリーダーとしての能力に加え、ある種の「欲望」が見え隠れしていたのだ。それは、世界における日本車の地位をより高く押し上げることを視野に入れた、「ないものをつくりたい」というエンジニアとしての抑えようのない根源的な欲求であり、これこそが「名車」を世に送り出す源となったに違いない。

最後に、インタビューを受けていただいた「名車の生みの親」の方々に対して、深く感謝の意を申し上げるとともに、ご助力をいただいた著者および関係各位、スケジュール調整などをいただいた各自動車メーカーの広報部の方に、心からの謝辞を申し上げたい。

2011年3月　株式会社 二玄社　編集部

名車《めいしゃ》を創《つく》った男《おとこ》たち

2011年3月10日　初版発行

著　者　大川《おおかわ》 悠《ゆう》／道田《みちだ》 宣和《のりかず》／生方《うぶかた》　聡《さとし》
発行者　渡邊隆男
発行所　株式会社 二玄社
　　　　東京都文京区本駒込6-2-1　〒113-0021
　　　　Tel.03-5395-0511

装　丁　安井朋美
印刷所　株式会社 平河工業社
製本所　株式会社 積信堂
Printed in Japan

ISBN 978-4-544-40051-9 C0053